Abeer Saleh Hasan
Farah Ghali Al Salihi
Salam Shehab Ahmed Shehab Ahmed

Sygnał pozakomórkowy Kinaza regulowana 1/2 p (ERK1/2)

Abeer Saleh Hasan
Farah Ghali Al Salihi
Salam Shehab Ahmed Shehab Ahmed

Sygnał pozakomórkowy Kinaza regulowana 1/2 p (ERK1/2)

Aktywność pozakomórkowych kinaz regulowanych sygnałem fosforowym 1/2 p (ERK1/2) w surowicy kobiet niepłodnych

Wydawnictwo Bezkresy Wiedzy

Imprint
Any brand names and product names mentioned in this book are subject to trademark, brand or patent protection and are trademarks or registered trademarks of their respective holders. The use of brand names, product names, common names, trade names, product descriptions etc. even without a particular marking in this work is in no way to be construed to mean that such names may be regarded as unrestricted in respect of trademark and brand protection legislation and could thus be used by anyone.

Cover image: www.ingimage.com

Publisher:
Wydawnictwo Bezkresy Wiedzy
is a trademark of
International Book Market Service Ltd., member of OmniScriptum Publishing Group
17 Meldrum Street, Beau Bassin 71504, Mauritius
Printed at: see last page
ISBN: 978-620-2-44773-7

Copyright © Abeer Saleh Hasan, Farah Ghali Al Salihi, Salam Shehab Ahmed Shehab Ahmed
Copyright © 2020 International Book Market Service Ltd., member of OmniScriptum Publishing Group

Sygnał pozakomórkowy Kinaza regulowana 1/2 p (ERK1/2)

Dedykacja

Ta praca jest poświęcona mojej Rodzinie, zwłaszcza moim rodzicom, Matce i Ojcu, którzy zawsze kochali mnie bezwarunkowo i których dobre przykłady nauczyły mnie ciężkiej pracy na rzecz tego, do czego dążę. Ta praca dyplomowa jest również poświęcona mojemu mężowi, który był stałym źródłem wsparcia i zachęty podczas moich badań i życia. Dziękuję za te czasy, które spędziłeś ze mną, aby zachować próbki i praktyczne w badaniach. Jestem naprawdę wdzięczny za waszą obecność w moim życiu. W końcu perfumy piżmowe i perfumowany zapach raju do rodziny mojego męża, mojej drugiej rodziny szczególnie jego matki i ojca do wsparcia moralnego i psychologicznego przez cały mój czas z nimi w celu osiągnięcia tych badań.

Abeer

Podziękowanie

W imieniu Allaha, Najmilosierniejszego i Najbardziej Litościwego, chwali się Bóg, Pan światów; a modlitwa i pokój niech będzie z Mohamedem, jego sługą i posłańcem.

Przede wszystkim muszę przyznać, że jestem bezgranicznie wdzięczny Bogu, Wszechmogącemu, Wdzięczny za Jego pomoc i błogosławieństwo. Jestem całkowicie przekonany, że ta praca nigdy nie stałaby się prawdą, bez Jego wskazówek.

Jestem wdzięczny niektórym osobom, które ciężko pracowały ze mną od początku do końca obecnych badań, szczególnie mojemu przełożonemu, profesorowi dr Ferah Gh. Al-Salihi, kolegium naukowe i mój profesor nadzorujący, dr Salam S. Ahmed, za ich nadzór, pomocnego doradcę i zachętę, która przekracza wszelkie uznanie. Jestem bardzo zobowiązany do ich wskazówek dotyczących stymulacji i pomocy w przygotowaniu tej tezy, która zawsze była hojna podczas podejmowanych przez nich wysiłków.

Jestem bardzo wdzięczny asystentowi. Prof. dr Wessam, dziekan uczelni medycznej, prof. dr Salam S. Ahmed, kierownik katedry biochemii oraz dr Hashim, asystent kierownika katedry biochemii, za udostępnienie urządzeń niezbędnych do tego badania.

Chciałbym wyrazić moje uznanie dla dr Aminy AL. Obady, Dr Khodaer A. k, Dr Muataz i Dr Tagreed za ich życzliwe wsparcie i pomoc podczas całego kursu studiów oraz wszystkich moich kolegów z Departamentu Biochemii w TUCOM, a także każdej osobie, która pomogła mi w moich badaniach.

Pragnę wyrazić głęboką wdzięczność personelowi medycznemu doradcy ginekologicznego i laboratorium centralnego w szpitalu Tikrit Teaching, a także samemu pacjentowi, za pomoc i współpracę przy zbieraniu danych.

Nareszcie i cudownie, moja najgłębsza wdzięczność i podziękowania dla mojej rodziny, szczególnie dla mojej matki i ojca oraz mojego męża Hussama Ahmeda Mahmouda, który dał mi stałą zachętę, bezgraniczne dary i wielkie poświęcenie oraz pomógł mi osiągnąć mój stopień. Wreszcie perfumy piżmowe i perfumowany zapach raju do rodziny Hussam, moja druga rodzina szczególnie jego matka Nadema i jego ojciec Ahmed do moralnego i psychologicznego wsparcia przez cały mój czas z nimi w celu osiągnięcia tych badań.

Ta teza to dopiero początek mojej podróży.

Abeer Saleh Hassan

Streszczenie

Tło: Niepłodność jest jedną z najczęstszych chorób kobiecych i definiuje się ją jako niemożność zajścia w ciążę po próbie trwającej ponad rok, bez użycia środków antykoncepcyjnych i przy normalnym stosunku płciowym.

Cel pracy: Celem pracy jest ocena pozakomórkowego sygnału fosforowego regulowanego kinazą p(ERK1/2) jako biomarkera w surowicy i moczu niepłodnych kobiet oraz jego korelacja z wiekiem.

Pacjenci i metody: W Tikrit Teaching Hospital w Salahdeen Governorate - Irak, od pierwszego listopada 2013 r. do końca kwietnia 2014 r., przeprowadzono studium kontroli przypadków. W badaniu tym zebrano 46 kobiet (25 niepłodnych zamężnych kobiet i 21 pozornie zdrowych kobiet uważanych za grupę kontrolną), w wieku od 15 do 40 lat, w celu zbadania ich stężenia p(ERK1/2) w surowicy i moczu przy użyciu techniki enzymatycznego testu immunosorpcyjnego (ELISA).

Wyniki: Wyniki wykazały, że poziom stężenia p(ERK1/2) w surowicy (5,23 ± 1,76) ng/ml był istotnie obniżony (P < 0,05) u kobiet niepłodnych w porównaniu z płodnymi (8,07 ± 1,28) ng/ml, głównie u kobiet powyżej 25 roku życia, a więc i w moczu. Kobiety w wieku powyżej 25 lat wykazywały mniejszą aktywność (4,75 ± 1,644) ng/ml w porównaniu z kobietami niepłodnymi w wieku poniżej 25 lat (5,453 ± 1,458), podobnie jak kobiety płodne. Stwierdzono istotną statystycznie ujemną korelację między aktywnością p(ERK1/2) w surowicy a wiekiem, a tym samym w moczu.

Poziom hormonu stymulującego pęcherzyki (Follicule Stimulation Hormone - FSH) w surowicy krwi kobiet niepłodnych (7,27 ± 1,35) ng/ml był istotnie obniżony (P < 0,05) w porównaniu z kobietami niepłodnymi (9,06 ± 2,50) ng/ml.

Stężenie hormonu luteinizującego (LH) w surowicy krwi kobiet niepłodnych (8,05 ± 1,18) ng/ml uległo znacznemu obniżeniu (P < 0,05) w porównaniu z kobietami płodnymi (10,15 ± 2,01) ng/ml.

Stężenie prolaktyny u kobiet niepłodnych w surowicy (13 ± 1,623,55) ng/ml istotnie wzrastało (P < 0,05) w porównaniu z kobietami niepłodnymi (9,46 ± 2,20) ng/ml.

Wniosek: Aktywność p(ERK1/2) w surowicy była istotnie mniejsza wśród kobiet niepłodnych niż płodnych. Kobiety w wieku powyżej 25 lat wykazywały mniejszą aktywność niż kobiety niepłodne w wieku poniżej 25 lat. Stwierdzono istotną statystycznie ujemną korelację między aktywnością p(ERK1/2) w surowicy a wiekiem, a tym samym w moczu. Dlatego też p(ERK1/2) może być stosowany jako biomarker lub wskaźnik niepłodności u kobiet, a także jako biomarker spadku płodności u kobiet w starszym wieku.

Wartości FSH i LH u kobiet płodnych w surowicy są znacznie wyższe niż u kobiet niepłodnych. Kobiety w wieku powyżej 25 lat wykazywały mniejszą aktywność niż kobiety niepłodne w wieku poniżej 25 lat. Stwierdzono istotną statystycznie ujemną korelację między aktywnością FSH i LH w surowicy a wiekiem.

Wartości prolaktyny u kobiet płodnych w surowicy znacznie się obniżają w porównaniu z kobietami niepłodnymi. Kobiety w wieku powyżej 25 lat wykazywały większą aktywność w porównaniu z kobietami niepłodnymi poniżej 25 roku życia. Stwierdzono istotną statystycznie dodatnią korelację między aktywnością prolaktyny w surowicy a wiekiem.

Spis treści

ROZDZIAŁ PIERWSZY: WPROWADZENIE

1.1 Niepłodność

Niepłodność to niezdolność do pracy par, które są małżeństwem i nie mają dzieci przez okres dłuższy niż rok małżeństwa [1, 2]. Zaobserwowano, że niepłodność powoduje wiele problemów społecznych, takich jak rozwód [3]. Niepłodność można również zdefiniować jako niezdolność pary małżeńskiej do zajścia w ciążę w przeciętnym okresie ponad jednego roku pomimo odpowiedniego, regularnego i niezabezpieczonego stosunku płciowego [4].

1.2 Niepłodność i fosfo Sygnał pozakomórkowy Kinaza regulowana1/2

Jest to korelacja pomiędzy enzymem p(ERK1/2) a niepłodnością. Odkrycie to, znalezione w nowym zrozumieniu tych dwóch enzymów, zwanych fosfo pozakomórkowymi kinazami regulowanymi sygnałem p(ERK1/2), dostarcza ważnych wskazówek, które mogą prowadzić do nowych środków antykoncepcyjnych i lepszego zrozumienia niepłodności samic, te dwa enzymy reprezentują krytyczne czynniki na drodze, która indukuje owulację, dojrzewanie jaja ssaka (oocytu) i inne aktywności kluczowe dla funkcji jajników i płodności samic [5].

1.3 Częstotliwość występowania niepłodności

Podczas gdy powszechna praktyka kliniczna i wiele badań opiera się na definicji niepowodzenia poczęcia po 12 miesiącach stosunku bez stosowania środków antykoncepcyjnych, wiele autorytetów, opierając się na dystrybucji zapłodnienia obserwowanej w normalnej populacji, zdefiniowało niepłodność jako niepowodzenie pary w poczęciu po 2 latach regularnego, niezabezpieczonego narażenia współżyciowego [6]. Powinno być jednak jasne, że taka definicja niepłodności służy do zaciemnienia prawdziwej złożoności sytuacji klinicznej. W rzeczywistości do tych par, które nie zajdą w ciążę w ciągu 12-24 miesięcy należą te, które można uznać za sterylne (i które nigdy nie zajdą w ciążę spontaniczną) oraz te, które są bardziej poprawnie określane jako subpłodne, i które mają obniżoną zdolność płodową (prawdopodobieństwo zajścia w ciążę w jednym cyklu miesiączkowym), a tym samym dłuższy czas do zajścia w ciążę [7,8].

Większość badań nad częstością występowania niepłodności opiera się na badaniach klinicznych [9] lub na próbach populacyjnych [10]. Oczekuje się, że badania kliniczne nie docenią rozpowszechnienia płodności subpłodności, ponieważ obejmują one tylko pary, które szukały pomocy medycznej. Podobnie można oczekiwać, że badania wykorzystujące dłuższy okres niepłodności (2 lata) wykażą spadek wskaźników chorobowości. Dlatego może dziwić fakt, że większość opublikowanych ostatnio badań jest w powszechnej zgodzie co do częstości występowania niepłodności - 14% wszystkich par to pary typowe. Badania kliniczne wykazują również tendencję do zgłaszania większości par z niepłodnością pierwotną, natomiast badania populacyjne wskazują na równy lub większy odsetek par z niepłodnością wtórną [11, 12]. Kilka prac w literaturze przedmiotu szacuje częstość występowania niepłodności na podstawie jasnych i pełnych definicji. Badania gospodarstw domowych stanowią solidną alternatywę dla opublikowanych badań w celu uzyskania porównywalnych szacunków dotyczących częstości występowania, dlatego zaproponowano standardową definicję niepłodności pierwotnej i wtórnej, którą można zastosować do tych badań, jak opisano poniżej:

1) Niepłodność pierwotna definiowana jest jako brak porodu żywego w przypadku par, które pozostawały partnerami w stosunkach seksualnych przez co najmniej pięć lat, podczas których żaden z partnerów nie stosował antykoncepcji, a partnerka wyraża pragnienie posiadania dziecka.

2) Niepłodność wtórna definiowana jest jako brak porodu żywego dla par, które są w związku od co najmniej pięciu lat od ostatniego żywego urodzenia partnera, podczas którego żaden z partnerów nie stosował antykoncepcji, a partnerka wyraża pragnienie posiadania przyszłego dziecka. [13].

1.4 Incydent

Częstość występowania niepłodności jest związana z różnicami geograficznymi. Na przykład w niektórych społecznościach zachodnioafrykańskich wskaźnik bezpłodności wynosi około 50%, podczas gdy w niektórych krajach Europy Zachodniej wynosi 12%. Różnice obserwowane są również zarówno w krajach rozwiniętych, gdzie wskaźniki wynoszą od 3,5% do 16,7%, jak i w krajach słabiej rozwiniętych, gdzie wskaźniki niepłodności wahają się od 6,9% do 9,3%. Zaobserwowano również, że przyczyny niepłodności są związane z różnicami geograficznymi. Szczególnie w krajach zachodnich najczęstszym czynnikiem ryzyka niepłodności jest wiek, podczas gdy w Afryce są to choroby przenoszone drogą płciową [12].

1.5 Cel

Badanie to ma na celu dostarczenie wskazówek do opracowania nowych metod diagnostycznych niepłodności oraz poznanie najnowszych i innych parametrów u niektórych kobiet z nieregularnymi cyklami miesiączkowymi i u kobiet w starszym wieku, w celu określenia wpływu poziomu p (ERK1/2) w surowicy krwi u kobiet niepłodnych.

1.6 Cel do:

1- Dowiedz się, czy można użyć enzymu regulowanego sygnałem pozakomórkowym fosfo, kinazy1/2 p(ERK1/2) jako biomarkera do niepłodności u kobiet.

2- Szacunkowa aktywność p(ERK1/2) w surowicy i moczu.

3- Określanie hormonów: hormonu stymulującego pęcherzyki (FSH), hormonu luteinizującego (LH) i prolaktyny.

4- Szacunkowa aktywność p(ERK1/2) w różnych grupach wiekowych (poniżej 25 roku życia i powyżej 25 roku życia).

5- Korelacja pomiędzy p (ERK1/2) a FSH, LH, hormonami prolaktyny.

6- Korelacja pomiędzy grupą wiekową (poniżej 25 roku życia i powyżej 25 roku życia) a wartościami FSH, LH, prolaktyny.

ROZDZIAŁ DRUGI: PRZEGLĄD LITERATURY

2.1 Niepłodność

Niepłodność (definicja kliniczna) jest chorobą układu rozrodczego definiowaną jako brak osiągnięcia klinicznej ciąży po 12 lub więcej miesiącach regularnego, niezabezpieczonego stosunku płciowego. Światowa społeczność zdrowotna przywiązuje dużą wagę do kwestii płodności; nie można przecenić znaczenia jednoczesnego zajęcia się kwestią niepłodności. Globalny obraz niepłodności nie jest dostępny częściowo ze względu na trudności w określeniu stanu chorobowego. W literaturze niepłodność jest synonimem sterylności, niepłodności, bezdzietności i płodności podpłodnej [(15)].

Definicje niepłodności opublikowane przez instytucje, które określają wytyczne dla naukowców, nie uzgodniły standardowej definicji. Największa różnica leży między definicjami klinicznymi a demograficznymi. Definicje kliniczne są zorientowane na wczesne wykrywanie niepłodności w poszczególnych przypadkach, w celu jak najwcześniejszego rozpoczęcia leczenia, jeśli to konieczne. Z drugiej strony, definicja demograficzna próbuje mierzyć niepłodność na poziomie populacji, opierając się na szeroko stosowanych badaniach gospodarstw domowych, a nie na skąpych danych z wizyt klinicznych.

Definicja kliniczna jest ważna dla zrozumienia niepłodności na poziomie indywidualnym, podczas gdy miary populacji wynikające z definicji demograficznej są ważnym wkładem do zrozumienia wielkości, rozmieszczenia i podstawowych tendencji niepłodności na poziomie populacji. W poprzednich badaniach oceniano demograficzne definicje niepłodności za pomocą analiz symulacyjnych, czyli definicji ustawień wysokiej płodności [(16)].

2.1.1 Niepłodność u kobiet

Niepłodność to niezdolność kobiety do poczęcia ponad rok pomimo regularnych, niezabezpieczonych stosunków płciowych [(17)]. Niepłodność u kobiet może być również określana jako niezdolność do przeniesienia ciąży do porodu żywego dziecka. Niepłodność może być spowodowana przez kobietę, mężczyznę lub jedno i drugie; pierwotne lub wtórne. Niepłodność pierwotna, to niezdolność samic do zajścia w ciążę bezwzględnie; podczas gdy w niepłodności wtórnej istnieją trudności w poczęciu po porodzie (albo ciąża została przeniesiona do porodu, albo poroniła) [16]. Niepłodność szyjki macicy (CI) jest jedną z niepłodności żeńskich polegającą na niezdolności plemników do przedostania się do macicy z powodu uszkodzenia szyjki macicy lub czynników szyjkowych, takich jak zwężenie szyjki macicy; przeciwciała antyspermowe; nieadekwatny, wrogi lub niereceptywny śluz szyjki macicy oraz infekcje szyjki macicy spowodowane chorobami przenoszonymi drogą płciową (chlamydia, rzeżączka, trychomonas, mycoplasma hominis i ureaplasma urealyticum)[18, 19].

2.1.2 Czynnik wpływający na niepłodność żeńską

1. Czynniki środowiskowe: Podkreślono etiologiczne znaczenie czynników środowiskowych w niepłodności. Toksyny, takie jak kleje, lotne rozpuszczalniki organiczne lub silikony, pyły fizyczne i chemiczne, chlorowane węglowodory i fumicydy oraz pestycydy są związane z niepłodnością lub samoistnymi poronieniami [20].

2. Zmiana wagi: Dysfunkcja jajników może być spowodowana utratą masy ciała i nadmiernym przyrostem masy ciała o wskaźniku masy ciała (BMI) większym niż 27 kg/m2. Nadmierny wpływ wagi na skuteczność leczenia, wyniki techniki wspomaganego rozrodu, estrogenów, które produkowane przez komórki tłuszczowe, a więc stan wysokiej tkanki tłuszczowej powoduje wzrost produkcji estrogenów, które ograniczają szanse zajścia w ciążę. Ponadto, zbyt mała ilość tłuszczu w organizmie powoduje niedostateczną produkcję estrogenów, a tym samym zaburzenia miesiączkowania z cyklem anowulacyjnym [21, 22].

3. Wiek: Płodność zmniejsza się wraz z wiekiem. Płodność kobiet jest w szczytowym okresie między 18 a 24 rokiem życia, natomiast po 27 roku życia zaczyna spadać, a po 35 roku życia spada w nieco większym tempie [4]. Kobiety rodzą się z ograniczoną liczbą jaj. W związku z tym, w miarę upływu lat rozrodczych, liczba i jakość jaj ulegają zmniejszeniu. Szanse na urodzenie dziecka zmniejszają się o 3% do 5% rocznie po 30 roku życia. Spadek płodności zauważalny jest w znacznie większym stopniu po 40. roku życia[23].

4. Styl życia: Palenie tytoniu, palenie papierosów, spożycie alkoholu przyczynia się do niepłodności. Nikotyna i inne szkodliwe substancje chemiczne zawarte w papierosach zakłócają syntezę estrogenów, folikulogenezę, receptywność błony śluzowej macicy, angiogenezę błony śluzowej macicy, przepływ krwi w macicy, zmniejsza szanse zapłodnienia pozaustrojowego IVF produkującego żywy poród poprzez zwiększenie poronień IVF i miometrium macicy [24, 25]. Palenie wiąże się również z podwyższonym poziomem estrogenów, co zmniejsza wydzielanie FSH, a następnie hamuje proces folikulogenezy i

prowadzi do anowulacji [16].

8. Brak równowagi hormonalnej: Podwzgórze, poprzez uwalnianie gonadotropin uwalniających hormony, kontroluje przysadkę mózgową, która bezpośrednio lub pośrednio kontroluje większość innych gruczołów hormonalnych w organizmie człowieka. Tak więc, zmiany lub anomalie sygnałów chemicznych z podwzgórza mogą wpływać na przysadkę mózgową, jajniki, tarczycę i gruczoł sutkowy, a tym samym, zaburzenia hormonalne, które wpływają na owulację, obejmują nadczynność tarczycy, niedoczynność tarczycy, zespół policystycznych jajników i hiperprolaktynemię [26, 27].

6. Hiperprolaktynemia: Hiperprolaktynemia (HP) to obecność nieprawidłowo wysokiego poziomu prolaktyny we krwi. Hiperprolaktynemia może wystąpić przede wszystkim w wyniku normalnych zmian fizjologicznych w czasie ciąży, karmienia piersią, stresu psychicznego, niedoczynności tarczycy lub snu. Hiperprolaktynemia powoduje niepłodność poprzez zwiększenie uwalniania dopaminy z podwzgórza, która hamuje uwalnianie hormonu uwalniającego gonadotropinę (GnRH), a tym samym gonadalną steroidogenezę i ewentualną niepłodność [28].

7. Problem czynnościowy jajników: Niepłodność wynikająca z dysfunkcji jajników może być spowodowana całkowitą blokadą jajników lub brakiem dystrofii jajnikowej (uszkodzenie fizyczne jajników lub jajniki z torbielami mnogimi (PCOS)) i luteinizowanym zespołem nieuszkodzonych pęcherzyków (LUFS) [29]. Zespół policystycznych jajników (PCOS) jest zwykle problemem dziedzicznym i stanowi do 90% przypadków anowulacji, jajniki wytwarzają duże ilości androgenów, a tym samym amenorrhea, oligomenorrhea, wysoki poziom (LH) i niski poziom (FSH), dzięki czemu pęcherzyki nie wytwarzają dojrzałego jaja. Hiperandrogenizm może powodować otyłość, owłosienie twarzy i trądzik, chociaż nie wszystkie kobiety z PCOS mają takie objawy. PCOS stanowi również wysokie ryzyko insulinooporności, która jest związana z cukrzycą typu 2 [30].

8. Czynniki rurkowe i niepłodność: Czynniki rurkowe (pozamaciczne) i otrzewnowe mające znaczenie w niepłodności obejmują endometriozę [31], zrosty w miednicy, choroby zapalne miednicy zwykle spowodowane chlamydią, okluzję rurkową. Endometrioza jest stanem nienowotworowym i może powodować zrosty między macicą, jajnikami i jajowodami, uniemożliwiając w ten sposób przeniesienie jajeczka do jajowodu i tym samym niepłodność [32, 33].

9. Czynniki maciczne i niepłodność: Wśród czynników wpływających na kształt macicy należy wymienić wady rozwojowe macicy, takie jak

nieprawidłowy kształt macicy i przegrody wewnątrzmacicznej, polipy, chłoniaka oraz zespół Ashera. Łagodny włókniak w macicy jest niezwykle częsty u kobiet. Duże fibroidy mogą powodować niepłodność poprzez uszkadzanie wyściółki macicy, blokowanie jajowodu, zniekształcanie kształtu jamy macicy lub zmianę położenia szyjki macicy[16].

10. Choroba tarczycy: Wykazano, że choroba tarczycy wiąże się ze zwiększonym ryzykiem wcześniactwa lub urodzenia martwego płodu [16]. W pierwotnej niedoczynności tarczycy poziom tyroksyny (T4) w surowicy jest niski i zmniejsza się ujemne sprzężenie zwrotne na osi przysadki podwzgórzowej. Wynikające z tego zwiększone wydzielanie hormonu uwalniającego tyreotropinę (TRH) stymuluje tyreotrofy i laktotrofy, zwiększając tym samym poziom zarówno hormonu stymulującego tarczycę (TSH), jak i prolaktyny, a tym samym dysfunkcji owulacji z powodu hiperprolaktynemii. Nadczynność tarczycy natomiast charakteryzuje się występowaniem w surowicy stłumionej TSH i podwyższonej tyroksyny (T4), trijodotyroniny (T3) lub obu tych substancji. Nadczynność tarczycy była związana z nieregularnym cyklem miesiączkowym, od hipo miesiączki, polimenorrhea i oligomenorrhea, do hiper miesiączki [16].

Sama niedoczynność tarczycy może pogłębić objawy PCOS. U pacjentów z PCOS stwierdzono zwiększone stężenie estrogenów w porównaniu z grupą kontrolną. Może to zwiększać poziom globuliny wiążącej tyroksynę (TBG) i maskować aktywność wolnych hormonów tarczycy. Tak więc, mogą istnieć związane z tym cechy kliniczne niedoczynności tarczycy, które na ogół pokrywają się z wyczynami PCOS[34].

Innym wyjaśnieniem zależności między PCOS a niedoczynnością tarczycy jest niedoczynność tarczycy, która może prowadzić do niskich poziomów globuliny wiążącej hormon płciowy (SHBG), co z kolei może prowadzić do wyższych stężeń wolnego testosteronu i zwiększonego testosteronu w całym organizmie oraz aromatyzacji do estradiolu i zmniejszenia klirensu metabolicznego androstenonu i estronu. Ponieważ hormony tarczycy są zaangażowane w gonadotropinę indukowaną przez estradiol i wydzielanie progesteronu przez ludzkie komórki ziarninowe, niedoczynność tarczycy będzie zakłócać funkcje jajników i płodność [35]. PCOS jest powszechną endokrynopatią w reprodukcyjnej grupie wiekowej (zwłaszcza powyżej 35 roku życia) i powszechnie wiąże się z otyłością, zaburzeniami miesiączkowania, insulinoopornością i niepłodnością [34].

11. Choroba przenoszona drogą płciową (STD): Choroby przenoszone drogą płciową z zainfekowanym partnerem, wywołane przez wirusy, bakterie lub

mikroorganizmy pasożytnicze. Choroby weneryczne są główną przyczyną niepłodności. Często są one bezobjawowe, ale mogą wykazywać kilka objawów [(16)].

12. Miednicowa choroba zapalna (PID): Miednicowa choroba zapalna (PID) składa się z różnych zakażeń narządów miednicowych wywołanych przez różne mikroorganizmy, takie jak bakterie i stany zapalne części układu pokarmowego, które leżą w obszarze miednicy, takie jak zapalenie soli w wyniku aborcji septycznej lub infekcji wstępującej [(36)].

13. Niepłodność szyjna macicy (CI): Obejmuje niezdolność plemników do przedostania się do macicy z powodu uszkodzenia szyjki macicy lub czynników szyjkowych, takich jak zwężenie szyjki macicy [(37)]; przeciwciała antydepresyjne [(18)]; nieadekwatny, wrogi lub niereceptywny śluz szyjki macicy [(38)] oraz zakażenia szyjki macicy spowodowane chorobami przenoszonymi drogą płciową (chlamydia, rzeżączka, trychomonas, mycoplasma hominis i osocze mocznikowe urealyticum)[(16)].

14. Przeszkoda strukturalna: Nieprawidłowości w funkcjonowaniu narządów płciowych, które wpływają na układ płciowy, mogą powodować niepłodność. W Mullerian agenesis macica nie rozwija się i tym samym niepłodność. Również zespół Shermana, powtarzające się urazy macicy, operacja miednicy, zrosty pooperacyjne lub poinfekcyjne macicy i jamy brzusznej ograniczają przemieszczanie się jajników, niedrożność macicy i wtórne bezkrwotoki, które powodują niepłodność [(16)].

15. Chemioterapia: Badania wykazały, że liczba pęcherzyków przedsionkowych zmniejsza się po trzeciej serii chemioterapii, podczas gdy hormon stymulujący pęcherzyki (FSH) osiąga poziom menopauzalny po czwartej serii; poziom hamujący B i hormonu anty-mullerowskiego również zmniejsza się po chemioterapii [(39)]. Leki o wysokim ryzyku niepłodności obejmują prokarbazynę, cyklofosfamid, ifosfamid, busulfan, melfalan, chlorambucil i chlormetynę; leki takie jak doksorubicyna, cisplatyna i karboplatyna mają średnie ryzyko, podczas gdy terapie pochodnymi roślinnymi, antybiotykami i antytymabolitami mają niskie ryzyko toksyczności gonad [(40)].

16. Aktywność fosforu (ERK1 i 2): Funkcja jajników, płodność zależy od dwóch enzymów p (ERK1 i 2). Nowa koncepcja dwóch enzymów zwanych pozakomórkowymi kinazami regulowanymi sygnałem p (ERK1 i 2) dostarcza ważnych wskazówek, które mogą prowadzić do nowych środków antykoncepcyjnych, jak również lepszego zrozumienia niepłodności kobiet [(41, 42,

43)[43]. Te dwa enzymy reprezentują krytyczne czynniki w drodze, która indukuje owulację, dojrzewanie jaja ssaka (oocytu) i inne aktywności kluczowe dla funkcji jajnika i płodności samicy. Odkrycie to może dostarczyć wskazówek do opracowania nowych środków antykoncepcyjnych i zrozumienia niepłodności u niektórych kobiet z nieregularnymi cyklami menstruacyjnymi. Istnieją geny, które po zmutowaniu mogą blokować owulację i inne czynności związane z dojrzewaniem oocytów lub tworzeniem ciał stałych, ale tylko one są tak silne, że mogą blokować kaskadę (ERK1 i 2). Stwierdzono jednak, że działalność obu kinaz jest zbędna w zakresie płodności [(17)]. Aby zaburzyć płodność, musiały one wyeliminować aktywność obu enzymów w określonych komórkach somatycznych jajników. Fosfor (ERK1 i 2) znajduje się we wszystkich tkankach ciała, badanie to było w stanie zaburzyć je wybiórczo w komórkach jajnikowych wymaganych do płodności.

U kobiet i innych ssaków płci żeńskiej oocyty istnieją w pęcherzykach jajnikowych, otoczonych przez komórki ziarniste i kumulusowe. Kobiety mogą uwalniać zapłodnione jaja tylko wtedy, gdy rosną pęcherzyki, a komórki granulozy różnicują się. Oocyty dojrzewają i są uwalniane w procesie owulacji. Hormon luteinizujący (LH) odgrywa kluczową rolę w inicjowaniu tych działań, ale praca ta pokazuje, że LH i kanoniczna ścieżka, którą zapala, nie są jedynymi ważnymi elementami. Badania nowej ścieżki, przez długi czas ludzie uważali, że kanoniczna ścieżka obejmująca hormon luteinizujący, cykliczny AMP i kinazę białkową A kontroluje wiele funkcji w wielu komórkach. Częściowo jest to prawda. Jednak inna ścieżka, która obejmuje białko sygnalizacyjne RAS (Ras jest znaczącym członkiem dużej rodziny GTPaz, białek, które wiążą i hydrolizują GTP) oraz p (ERK1 i ERK1).

2) pośredniczy we wszystkim po aktywacji receptora LH. RAS i p (ERK1 i 2) są aktywowane jak kula, pojawiające się w ciągu dwóch godzin - krótkiego, ale istotnego okresu w trakcie całego procesu uwalniania żywej ikry. Inni, którzy wzięli udział w tych badaniach, finansowanie tej pracy [(41, 42, 43)].

W biologii komórkowej pozakomórkowa fosforylacja kinazy białek regulowana sygnałem (pERK) oznacza, że ścieżka sygnałowa składająca się z białek i enzymów biorących udział w procesach komórkowych może być wypełniona łączeniem kaskady (ERK1 i 2) z aktywacją MAPK. Fosforylacja ERK jest jedną z czterech ścieżek sygnalizacyjnych kinazy białkowej aktywowanej mitogenem (MAPK). Gdy cykl fosforylacji ERK nie funkcjonuje prawidłowo, może dojść do nieprawidłowej aktywacji ERK i powstania komórek nowotworowych [(44)].

2.1.3 Epidemiologia niepłodności.

Niepłodność jest złożonym zaburzeniem o znacznych problemach medycznych, psychospołecznych i ekonomicznych [45]. Dane z badań populacyjnych wskazują, że 10-15 % par na świecie doświadcza niepłodności. W Afryce jego rozpowszechnienie jest szczególnie wysokie w krajach subsaharyjskich, gdzie wynosi od 20% do 60% par. Szacuje się, że czynniki żeńskie i niewyjaśniona niepłodność stanowią 50-80%, podczas gdy czynnik męski stanowi 20-50% przyczyny niepłodności w różnych częściach Nigerii. Dostępne dowody wskazują, że społeczne konsekwencje niepłodności są szczególnie głębokie dla kobiet afrykańskich w porównaniu z mężczyznami. Dane wspólnotowe wskazują, że do 30 % par w niektórych częściach Nigerii może mieć udowodnione trudności w osiągnięciu pożądanego poczęcia po dwóch latach małżeństwa bez stosowania środków antykoncepcyjnych [16].

Analizy symulacyjne stosowane do badania wrażliwości różnych miar niepłodności na wielkość badanej próbki, rozkład wieku sterylności. Podstawowe dane zebrane w północnej Tanzanii w celu porównania epidemiologicznej definicji niepłodności opracowanej przez Światową Organizację Zdrowia (WHO), próbującej bezskutecznie rodzić dziecko przez dwa lata lub więcej, z danymi powszechnie dostępnymi w badaniach demograficznych i badaniach płodności. Uzasadniono, że pięcioletnia "późniejsza niepłodność" jest właściwa tylko wtedy, gdy ogranicza się do kobiet, które wyraziły chęć posiadania dziecka, a nie tylko stale pozostają w związku małżeńskim bez pomyślnego porodu w okresie narażenia[17].

Definicja niepłodności oparta na "następnie niepłodnym" estymatorze zaproponowanym przez Larsena i współpracowników; ich praca została jednak rozszerzona z dwóch powodów. Po pierwsze, odsetek kobiet w wieku rozrodczym stosujących środki antykoncepcyjne wzrósł na całym świecie, z 24% w Afryce do 43% do 80% w innych regionach. Ta istotna zmiana wymaga zastosowania definicji, która jest solidna w zakresie stosowania środków antykoncepcyjnych w stopniu większym niż 6%. Po drugie, bardziej szczegółowe pomiary narażenia są obecnie dostępne w wielu reprezentatywnych badaniach krajowych. W szczególności

Demographic Health Survey (DHS) zebrał informacje na temat statusu pary i stosowania środków antykoncepcyjnych w ciągu pięciu lat w wielu krajach na całym świecie. Proponowana przez WHO definicja może być stosowana do oszacowania krajowej, regionalnej i globalnej częstości występowania niepłodności i jej tendencji na podstawie dużej puli dostępnych badań demograficznych gospodarstw domowych(17).

2.1.4 Diagnoza niepłodności

W każdej pracy z zakresu niepłodności zarówno partnerzy, jak i partnerki są uważani za głównych sprawców niepłodności i dlatego są badani szczególnie, jeśli kobieta ma ponad 35 lat lub jeśli któryś z partnerów ma znane czynniki ryzyka niepłodności. Czynniki męskie muszą być usunięte przed poddaniem partnerki kosztownemu, ale inwazyjnemu testowi. A- Wywiad lekarski i badanie lekarskie: Pierwszym krokiem na drodze do niepłodności jest pełny wywiad lekarski i badanie fizyczne obu par. Generalnie, diagnoza hiperprolaktynemii jest odkryta z historii oligomenorrhea, amenorrhea, lub galactorrhea, Lifestyle issues. Wywiad menstruacyjny i wszelkie przyjmowane leki, a także profil przypadków ogólne zdrowie medyczne i emocjonalne mogą pomóc w podjęciu decyzji o odpowiednich badaniach. Aby wykluczyć hiperprolaktynemię, można również uzyskać pomiary stężenia prolaktyny w osoczu na czczo (46).

B- Testy diagnostyczne i obrazowe: Testy obrazowe do badania macicy i jajowodów obejmują **A.** (Ultrasonografia, histeroskopia histerosalpingografia, zapłodnienie, laparoskopia, biopsja endometrium w celu weryfikacji owulacji oraz test rozmazu papki i rezonans magnetyczny (MRI). **B. Pomiar** stężenia azotu mocznikowego we krwi (BUN) i kreatyniny jest ważny w wykrywaniu przewlekłej niewydolności nerek, testach ciążowych, pomiarach insulinopodobnego czynnika wzrostu-1 (IGF-1) dokonuje się w akromegalii. Badanie hormonalne obejmuje (LH, prolaktyna FSH, progesteron i (TSH) na problemy z tarczycą. **C.** Testy immunologiczne są wykonywane w celu określenia obecności przeciwciał antyspermowych we krwi i płynach pochwowych. Kombinacje tych procedur mogą być stosowane w celu potwierdzenia diagnozy (46).

2.1.5 Leczenie i sposoby postępowania w przypadku niepłodności:

Przedporodowa opieka medyczna i poradnictwo jest wskazane dla wszystkich osób planujących niepowodzenie ciąży, które mogą zdecydować się na pozostanie bezdzietną lub rozważyć adopcję. Metody leczenia niepłodności obejmują:

1. Narkotyki redukujące wagę: U otyłych, anowulacyjnych, bezpłodnych kobiet.

2. Indukcja owulacji przy użyciu ludzkich gonadotrofin menopauzalnych

(HMG).

3. Bromokryptyna u samic hiperprolaktynowych.

4. Cytrynian klomifenu -humanmenopauzalnegonadotrofyny (CC-HMG) kombinacja.

5. Terapia hormonalna (np. Perganol).

6. Interwencja chirurgiczna.

7. Sztuczna inseminacja (AI): osiągana poprzez inseminację wewnątrzszyjkową lub wewnątrzmaciczną.

8. *In Vitro* Fertilization (IVF) może być stosowany w leczeniu kobiet z uszkodzonymi jajowodami i endometriozą lub w przypadkach niewyjaśnionej niepłodności[(47)].

2.2 Hormony i mechanizm działania w prostym przeglądzie prolaktyny, FSH, LH.

2.2.1. Systemy drugiego komunikatora

Hormony niesteroidowe (rozpuszczalne w wodzie) nie dostają się do komórki, lecz wiążą się z receptorami błony plazmowej, generując sygnał chemiczny (drugi posłaniec) wewnątrz docelowej komórki. Drugi posłańcy aktywują inne wewnątrzkomórkowe substancje chemiczne w celu wytworzenia odpowiedzi komórki docelowej [(48)].

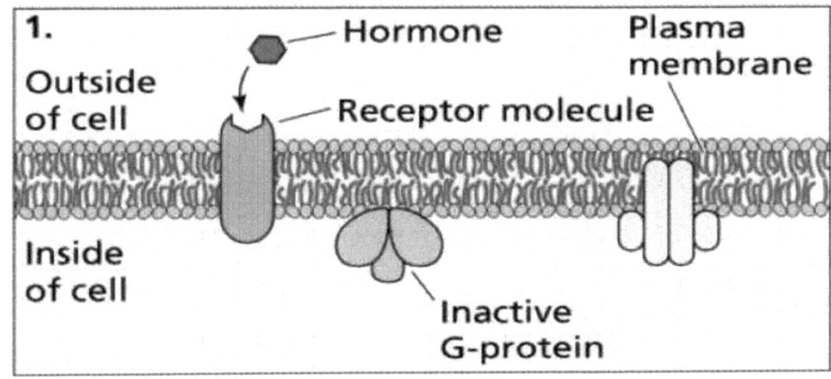

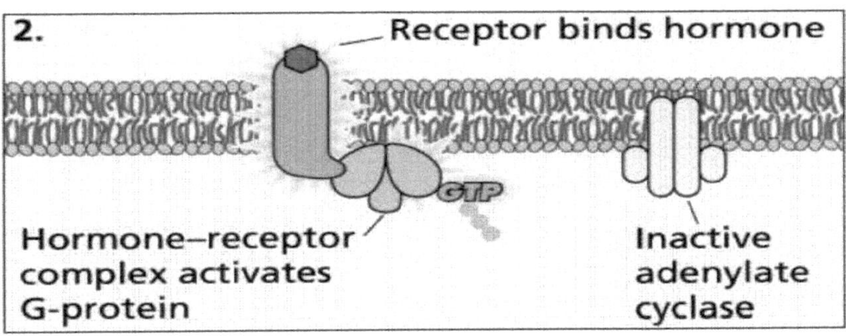

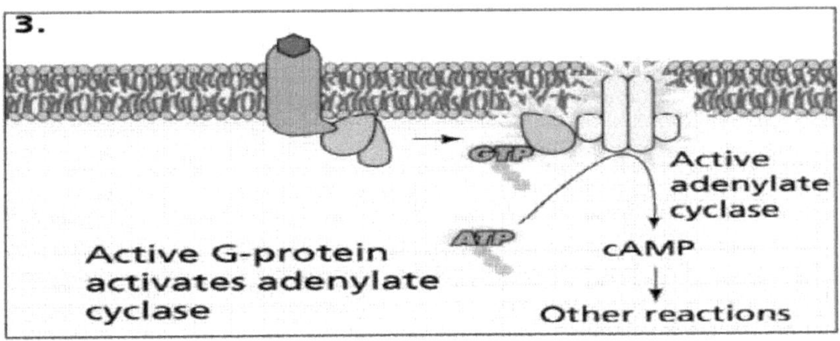

Rysunek (2.1): Działanie hormonów niesteroidowych[(49)].

Obecnie w komórkach rozpoznawane są cztery drugie systemy komunikatorów, co streszczono poniżej. Zauważ, że nie tylko wiele hormonów wykorzystuje ten sam system drugiego posłańca, ale jeden hormon może wykorzystywać więcej niż jeden system.

1. Cykliczny AMP

2. Aktywność kinaz białkowych

3. Wapń i/lub fosforoozytid

4. Cykliczna GMP

Istnieją dwa przykłady systemów drugiego posłańca powszechnie stosowanych przez hormony prolaktyny, FSH i LH.

1. Cykliczne systemy drugiego komunikatora AMP (cAMP): Cykliczny monofosforan adenozyny jest nukleotydem generowanym z ATP w wyniku działania enzymu cyklazy adenylanowej, działającym również na enzym ERK.

2. Tyrosine Kinase Second Messenger Systems: Receptorami dla kilku hormonów białkowych są same kinazy białkowe, które są włączane przez wiązanie hormonu. Aktywność kinaz związana z takimi receptorami prowadzi do fosforylacji pozostałości tyrozyny na innych białkach. Insulina jest przykładem hormonu, którego receptorem jest kinaza tyrozynowa [(49, 50)].

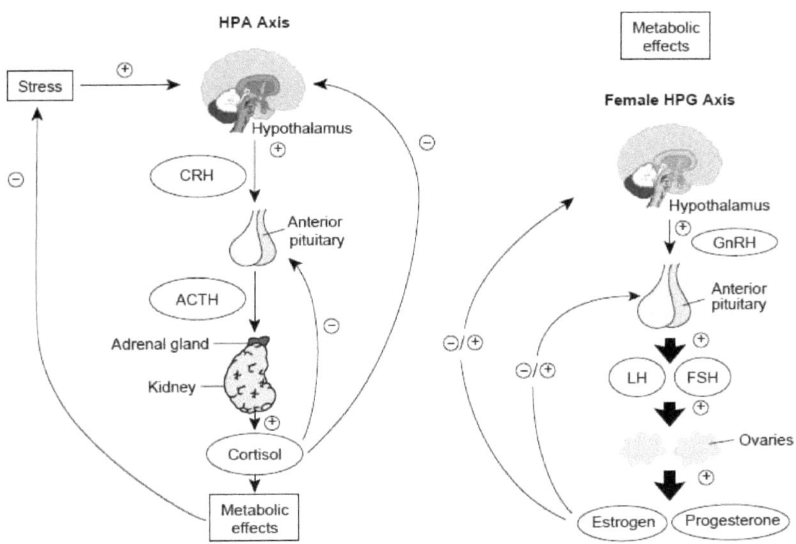

Rysunek (2.2): Hormonalna kaskada sygnałów z OUN do hormonu końcowego, HPA (Hypothalamic-pituitary-adrenal), HPG (Hypothalamic-pituitary- gonadal) [51]**.**

Kaskada odpowiedzi hormonalnych począwszy od sygnału zewnętrznego lub wewnętrznego sygnał ten jest przekazywany najpierw do ośrodkowego układu nerwowego OUN i może obejmować układ limbiczny do gruczołu docelowego; te dostęp do ogólnego krążenia przez fenestrated lokalnych kapilar i wyzwalają ostatecznego hormonu w mikrogramów do miligramów dziennie ilości, który generuje odpowiedź poprzez wiązanie z receptorów w tkankach docelowych. Ogólnie rzecz biorąc, system ten jest kaskadą wzmacniającą na rysunku (2.4) [49, 51].

2.2.2 Hormony gonadotropinowe

Hormony luteinizujące i stymulujące pęcherzyki**:** Hormon uwalniający gonadotropinę (GnRH)**,** znany również jako hormon uwalniający hormony luteinizujące (LHRH), jest łańcuchem peptydowym składającym się z 10 aminokwasów. Stymuluje on syntezę i uwalnianie dwóch gonadotropin przysadki mózgowej, hormonu luteinizującego (LH) i hormonu stymulującego pęcherzyki (FSH) [49]. Hormon luteinizujący (LH) i hormon stymulujący pęcherzyki (FSH) nazywane są gonadotropinami, ponieważ stymulują gonady - u samców, jąder, a u samic jajniki. Hormon luteinizujący LH i FSH to duże glikoproteiny składające się z podjednostek alfa i beta. Podjednostka alfa jest identyczna we wszystkich trzech z tych przednich hormonów przysadki mózgowej, podczas gdy podjednostka beta jest unikalna dla każdego hormonu z możliwością wiązania własnego receptora. Przednie sekrety przysadki mózgowej. Hormon luteinizujący i hormon stymulujący pęcherzyki, to hormon peptydowy, który działa na gonady [(52, 53)]. Przednie sekrety przysadki mózgowej.

a. **Hormon luteinizujący:** W obu płciach LH stymuluje wydzielanie hormonów płciowych z gonad. W jądrach stymuluje on syntezę i wydzielanie testosteronu. Jajniki reagują na stymulację LH poprzez wydzielanie testosteronu, który jest przekształcany w estrogen przez sąsiadujące komórki ziarniste. LH jest niezbędna do dalszego rozwoju i funkcjonowania ciał lutealnych. Nazwa hormonu luteinizującego wywodzi się z tego efektu indukowania luteinizacji pęcherzyków jajnikowych.

b. **Hormon stymulujący pęcherzyki:** Jak sama nazwa wskazuje, FSH stymuluje dojrzewanie pęcherzyków jajnikowych. FSH ma również kluczowe znaczenie dla produkcji spermy. Wspiera funkcje komórek Sertoli, które z kolei wspomagają wiele aspektów dojrzewania komórek plemnikowych. Głównym regulatorem wydzielania LH i FSH jest hormon uwalniający gonadotropinę lub GnRH (znany również jako hormon uwalniający LH). W pętli ujemnego sprzężenia zwrotnego, sterydy płciowe hamują wydzielanie GnRH, a także wydają się mieć bezpośredni negatywny wpływ na gonadotropinę. Ta pętla regulacyjna prowadzi do pulsacyjnego wydzielania LH i, w znacznie mniejszym stopniu, FSH. Liczne hormony wpływają na wydzielanie GnRH, a pozytywna i negatywna kontrola nad wydzielaniem GnRH i gonadotropiny jest w rzeczywistości znacznie bardziej złożona niż opisana na rysunku. Na przykład, gonady wydzielają co najmniej dwa dodatkowe hormony - inhibicję i aktywinę, które selektywnie hamują i aktywują wydzielanie FSH z przysadki mózgowej [(52)].

Zespół policystycznych jajników (polycstic ovarian syndrome - PCOS) jest jednym z najczęstszych żeńskich zaburzeń endokrynologicznych [(54)]. Jest to złożone, niejednorodne zaburzenie charakteryzujące się oligomenorrhea, hirsutyzmem, policystycznym jajnikiem z przewlekłą anowulacją i różnym stopniem nadmiaru androgenów. Poziomy FSH, LH, prolaktyny, T3, T4 i TSH w surowicy muszą być oszacowane. W tym przypadku, ponieważ PCOS powoduje zaburzenie wartości tych hormonów i ich funkcji komórek docelowych [(35)]. W większości przypadków niedoczynność tarczycy była subkliniczna i rozpoznana po raz pierwszy podczas oceny PCOS [(55)]. Oszacowano poziomy FSH, LH, prolaktyny, T3, T4 i TSH w surowicy. Rozpoznanie PCOS zależy od potwierdzenia obecności hiperandrogenizmu z podwyższonym stężeniem testosteronu w surowicy i podwyższonym stosunkiem LH: FSH. Zarówno jedno, jak i drugie można znaleźć u pacjentów z PCOS [35].

2.2.3 Prolaktyna:

Prolaktyna jest hormonem peptydowym, który działa na gruczoł sutkowy. Przednie sekrety przysadki mózgowej. Jest to jednoniciowy hormon białkowy ściśle związany z hormonem wzrostu. Jest on wydzielany przez komórkę laktotrofów w przedniej przysadce mózgowej. Zgłoszono kilkaset różnych działań dotyczących prolaktyny u różnych gatunków. Niektóre z jego głównych efektów to po pierwsze: rozwój gruczołu mlecznego, produkcja mleka i rozmnażanie, a po drugie: wpływ na funkcje odpornościowe. W przeciwieństwie do innych hormonów przysadki mózgowej, podwzgórze hamuje wydzielanie prolaktyny z przysadki. Dopamina służy jako główny czynnik hamujący wydzielanie prolaktyny lub hamujący jej wydzielanie. Oprócz hamowania przez dopaminę, wydzielanie prolaktyny jest pozytywnie regulowane przez kilka hormonów, w tym TSH, GnRH i wazoaktywny polipeptyd jelitowy. Estrogeny zapewniają dobrze poznaną, pozytywną kontrolę nad syntezą i wydzielaniem prolaktyny.

Endometrium było jednym z pierwszych dodatkowych miejsc przysadki, które opisano do syntezy i wydzielania PRL [56]. W przypadku nieobecności w ciąży, synteza PRL jest wykrywana pomiędzy fazą środkowo-sekretarną a soczewką, identycznie jak pierwsze oznaki decdualizacji. W przypadku zajścia w ciążę, po implantacji zwiększa się dziesięciokrotna synteza PRL, osiągając szczyt w 20-25 tygodniu ciąży i zmniejszając się ku terminowi [57]. Ekspresja receptora PRL (PRLR) jest również regulowana w kierunku wydzielniczej fazy cyklu miesiączkowego w błonie śluzowej macicy człowieka [58, 59] i utrzymywana przez cały okres ciąży w cytotrofoblastach chorionowych, trofoblastach łożyskowych i nabłonku owodniowym [60].

W macicy nieciężarnej ekspresja PRL jest ograniczona do komórek stromalnych endometrium [61]. PRLR jest również wyrażany w niektórych komórkach stromalnych, ale jest głównie ograniczony do nabłonka gruczołowego endometrium [58, 59]. Prolaktyna ma więc sygnalizować w endometrium w sposób autokrynologiczny/parakrynalny. Ekspresja czasowa zarówno PRL jak i PRLR sugeruje, że PRL odgrywa rolę w przygotowaniu endometrium do implantacji, a także w utrzymaniu ciąży [62].

Podobnie jak inne cytokiny typu I, sygnały PRL poprzez ścieżkę Jak (Janus kinase)/STAT (przetwornik sygnału i aktywator transkrypcji). W ludzkim endometrium PRL indukuje fosforylację tyrozyny Jak 2 i STAT 1/5 w komórkach nabłonka gruczołowego [(58)]. Do tej pory w ludzkim endometrium znany był tylko jeden gen reagujący na PRL: czynnik regulacyjny interferonu 1 (IRF-1) [(63)]. Transkrypcja genu IRF-1 jest bezpośrednio stymulowana ścieżką Jak/STAT [(64)], a ekspresja IRF-1 w ludzkiej endometrium jest zlokalizowana w nabłonku gruczołowym oraz podzbiorze komórek stromalnych [(63)].

Poza ścieżką Jak/STAT, wiele typów I cytokin stymuluje również ścieżkę MAPK/ERK. Transdukcję sygnału, prowadzącą do aktywacji ERK z receptorów, uzyskuje się za pomocą kaskady sygnałowej Shc/Grb2/Sos/Ras/Raf/MEK (kinazy białkowej aktywowanej mitogenem (znanej również jako MAP2K, MEK, MAPKK)). Aktywowana postać ERK (fosforylowana na pozostałościach treoniny 202 i tyrozyny 204 Fosfotreonina (Pt) i fosfotorozyna (pY)) - czynniki transkrypcyjne fosforanów (na pozostałościach seryny i treoniny), które regulują różnicowanie i proliferację komórek [(65)]. W badaniu tym badano sygnalizację ERK wywołaną przez PRL w endometrium ludzkim i stwierdzono, że PRL stymuluje szlak ERK w wielu przedziałach komórkowych endometrium ludzkiego [(66)].

2.3 Sygnał pozakomórkowy enzym regulowanych kinaz

Enzym pozakomórkowych kinaz regulowanych sygnałem (ERK) to pokrewne kinazy białkowo-serynowo-treoninowe, które uczestniczą w kaskadzie transdukcji sygnału Ras-Raf-MEK-ERK. Kaskada ta bierze udział w regulacji wielu różnych procesów, w tym adhezji komórek, progresji cyklu komórkowego, migracji komórek, przetrwania komórek, różnicowania, metabolizmu, proliferacji i transkrypcji. MEK1 i 2 katalizują fosforylację człowieka (ERK1 i 2) w Tyr204/187, a następnie Thr202/185. Fosforylacja tyrozyny i treoniny jest wymagana do aktywacji enzymu. Podczas gdy rodziny Kinaza Raf i MEK mają wąską specyficzność substratów, (ERK1 i 2) katalizują fosforylację setek cytoplazmatycznych i jądrowych substratów, w tym cząsteczek regulacyjnych i czynników transkrypcyjnych. (ERK1 i 2) to kinazy prolinowe, które w preferencyjny sposób katalizują fosforylację substratów zawierających sekwencję Pro-Xxx-Ser/Thr-Pro. Poza tym podstawowym wymogiem budowlanym, wiele podłoży (ERK1 i 2) posiada miejsce D- dokowania, F- dokowania lub oba. W regulacji kaskady kinaz MAP (ERK1 i 2) uczestniczą różne białka rusztowaniowe, w tym KSR1 i 2, IQGAP1, MP1 oraz Arrestin1 i 2. W dephosforylacji regulacyjnej (ERK1 i 2) pośredniczą fosfatazy białkowo-tyrozynowe, fosfatazy białkowo-serynowo-treoninowe i fosfatazy o podwójnej specyficzności (DUSP). Połączenie kinaz i fosfataz sprawia, że cały proces jest odwracalny. Katalizowana fosforylacja (ERK1 i 2) jądrowych czynników transkrypcyjnych, w tym Ets, Elk i c-Fos, pełni ważną funkcję i wymaga przeniesienia (ERK1 i 2) do jądra poprzez aktywne i bierne procesy obejmujące pory jądrowe. Te czynniki transkrypcyjne uczestniczą w natychmiastowej, wczesnej reakcji genowej. Aktywność kaskady Ras-Raf-MEK-ERK jest zwiększona w około jednej trzeciej wszystkich nowotworów u ludzi, a hamowanie składników tej kaskady przez ukierunkowane inhibitory stanowi ważną strategię antyrakową. Dotychczas jednak tylko hamowanie zmutowanego B-Raf (Val 600 Glu) okazało się skuteczne terapeutycznie [(67)].

Również ERK działają na implantacji zarodków ssaków, FoxM1 może być regulowany przez Osteopontin (OPN), aby wpłynąć na proliferację endometrium w celu ustalenia receptywności endometrium. OPN reguluje FoxM1 w celu wpływania na proliferację komórek HEC-1A poprzez regulowane pozakomórkowo kinazy białkowe (ERK 1 i 2), kinazę białkową B (PKB, AKT) oraz ścieżkę sygnalizacyjną kinazy białkowej aktywowanej mitogenem p38 (p38MAPK, p38). Zahamowanie ekspresji i lokalizacji ERK 1 i 2, AKT i p38 stłumione OPN indukowane FoxM1 [(68)].

2.3.1 Struktura (ERK1 i 2)

1. Pozostałości katalityczne w płatach N i C; (ERK1 i 2), podobnie jak wszystkie kinazy białkowe, mają mały płat amino-terminalny i duży płat karboksyterminalny, który zawiera kilka zakonserwowanych α-helic i þ-nici, po raz pierwszy opisane przez Knightona *i wsp.* dla PKA. Mały płat jest zdominowany przez pięcionitkowy arkusz antyrównoległy (þ1-þ5) [(69)]. Zawiera on również ważną i zachowaną helisę αC, która występuje w aktywnych lub nieaktywnych orientacjach. Mały płat zawiera zakonserwowaną, bogatą w glicynę (GxGxxG) pętlę wiązania fosforanowego ATP, nazywaną czasem pętlą P, która występuje pomiędzy nićmi þ1- i þβ (Rys. 2.7). Glicyna - bogata pętla, która jest najbardziej elastyczną częścią N-lobe, pomaga umieścić þ - i y - fosforany ATP do katalizy. 1- i 2-niciowe zawierają składnik adeninowy ATP. Po pętli bogatej w glicynę następuje zakonserwowana walina (V56/V39 in (ERK1 i 2)), która ma hydrofobowy kontakt z adeniną ATP (o ile nie określono inaczej, wszystkie liczby pozostałości odpowiadają ludzkim izoformom, nawet jeśli doświadczenia przeprowadzono z enzymami innych gatunków). Splot þγ zawiera zwykle sekwencję AXK, której lizyna (K71/54 z (ERK1 i 2)) łączy α- i þ -fosforany ATP z αC-heliksem. Glutaminian konserwowany występuje w pobliżu

środka helisy αC (E88/71 w (ERK1 i 2)) w kinazach białkowych(69).

Obecność mostka solnego pomiędzy þγ-lizyną i αC-glutaminianem jest warunkiem wstępnym do utworzenia stanu aktywnego i odpowiada konformacji "αC-in". Konformacja αC-in jest konieczna, ale nie wystarcza do wyrażenia pełnej aktywności kinazowej. Jednak brak tego mostu solnego oznacza, że kinaza jest nieaktywna. Duży płat C-końcówkowy jest głównie α-szkieletowy (rys. 2.7) z sześcioma zachowywanymi segmentami (αD-αI). Zawiera on również cztery krótkie zakonserwowane nitki (6-9 nitek), które zawierają większość pozostałości katalitycznych związanych z przeniesieniem fosforu z ATP na podłoża (ERK1 i 2). Następujące trzy aminokwasy, które definiują motyw K/D/D (Lys/Asp/Asp), ilustrują właściwości katalityczne (ERK1 i 2). Wariant lizyny þ3-niciowy (K88/71 w (ERK1 i 2)) tworzy mosty solne z α- i þ-fosforanami ATP (rysunek 2.6) (69).

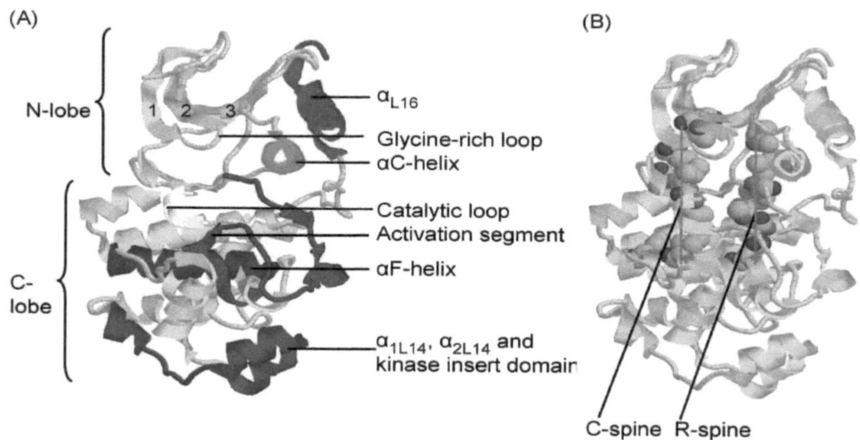

Rys.(2.3). (A) Wykres wstęgowy ludzkiego ERK2. (B) Linie pomarańczowe (C- spine i R-spine) oznaczają pozostałości (modele z wypełnieniem przestrzeni), które tworzą katalityczny i regulacyjny kręgosłup[75].

2. Szkielety hydrofobowych kinaz białkowych (ERK1 i 2); Niektórzy naukowcy analizowali struktury aktywnych i nieaktywnych konformacji około dwudziestu kinaz białkowych oraz oznaczali funkcjonalnie istotne pozostałości za pomocą algorytmu lokalnego wyrównania przestrzennego (LSP) (69). Analiza ta ujawnia szkielet czterech niesekwencyjnych pozostałości hydrofobowych, które stanowią pozostałości regulacyjne lub R-spine oraz ośmiu pozostałości

hydrofobowych, które stanowią pozostałości katalityczne lub C-spine. Każdy kręgosłup składa się z pozostałości pochodzących zarówno z małych jak i dużych płatów. Kręgosłup regulacyjny zawiera pozostałości z wargi aktywacyjnej oraz helisy αC, których konformacja była istotna przy określaniu stanów aktywnych i nieaktywnych. Kręgosłup katalityczny reguluje katalizację bezpośrednio przez wiązanie ATP. Dwa kręgi dyktują położenie ATP (C-kręgosłup) i substratu białkowego (R-kręgosłup) tak, że wyniki katalizy. Prawidłowe ustawienie grzbietów jest konieczne, ale niewystarczające do montażu aktywnej kinazy [(70)].

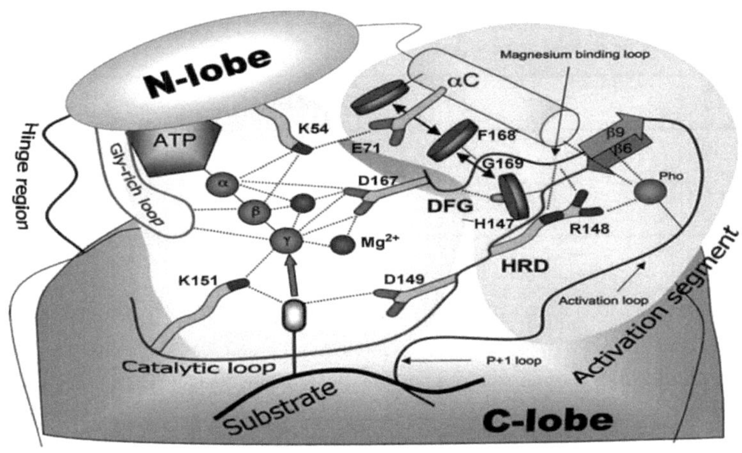

Rysunek(2.4): Schemat wnioskowanych interakcji pomiędzy ludzkimi pozostałościami katalitycznymi kinazy ERK2, ATP, a substratami białkowymi[(70)].

Grzbiety regulacyjne (ERK1 i 2) składają się z pozostałości początkowej þ4-nici (I103/86), z końca C-końcówka αC-heliksa (L92/75), po hydrofobowej pozostałości po pętli aktywacyjnej DFG (L187/170), wraz z HRD-histydyną (H164/147) pętli katalitycznej. W tabeli 2.4 wymieniono pozostałości kolców u ludzi i szczurów ERK1 i ERK2 oraz katalitycznej podjednostki moruny PKA, a także (rys. 2.5(B)(pokazuje lokalizację katalitycznego i regulacyjnego kolców ERK2.

Tabela (2.4): Człowiek (ERK1 i 2) Pozostałości tworzące kręgosłup R i kręgosłup C.

Numer	Kręgosłup regulacyjny	Człowiek (ERK1 i 2)	Katalityczny kręgosłup	Człowiek (ERK1 i 2)
1	þ4-Strand (płat N)	I103/86	þβ-Strand (płat N)	V56/39
2	C-Helix (płat N)	L92/75	þ motywγ-AxK (płat N)	A69/52
3	Pętla aktywacyjna (płat C)	L187/170	þ7-Strand (płat C)	L173/156
4	Pętla katalityczna H lub (płat C)	H164/147	þ7-Strand (płat C)	L172/155
5	F-helisa (płat C)	D227/210	þ7-Strand (płat C)	I174/L157
6			D-Helix (płat C)	M125/108
7			F-Helix (płat C)	I234/217
8			F-Helix (płat C)	M238/221

3. Struktury aktywne i nieaktywne (ERK1 i 2): Miejsce katalityczne kinazy białkowej znajduje się w rozszczepie pomiędzy małymi i dużymi płatami. W otwartej i katalitycznie nieaktywnej formie enzymu, płatki są skromnie odchylone od siebie. W zamkniętej i katalitycznie aktywnej postaci enzymu, płatki są bliżej siebie, ale dwa płatki kinaz białkowych może nadal poruszać się w stosunku do siebie podczas cyklu katalitycznego, co pozwala na wiązanie ATP i ADP uwolnienia [(71)]. W przypadku szczurzej ERKβ płatki obracają się o 5,4° bliżej, gdy przechodzą od niefosforylowanego nieaktywnego do fosforylowanego aktywnego. Po związaniu MgATP i substratu białkowego, dodatkowy ruch zamkniętej formy enzymu wprowadza pozostałości do stanu aktywności katalitycznej, w którym następuje przeniesienie fosforu z ATP do substratu białkowego[(67)].

αC-helix małego płata ma konformację aktywną (αC-helix in) i nieaktywną (αC-helix out), więc obraca się i przekłada w stosunku do reszty płata, tworząc lub łamiąc część aktywnego miejsca. W stanie aktywnym zachowana lizyna z nici þγ ((ERK1 i 2) K71/54) tworzy most solny z zachowanym glutaminianem z αC-heliksa ((ERK1 i 2) E88/71) (Rys. 2.8). W konformacji uśpionego segmentu aktywacyjnego, boczny łańcuch aspartytowy ((ERK1 i 2) D184/167) zachowywanej sekwencji DFG znajduje się z dala od miejsca aktywnego. To się nazywa konformacja "DFG-aspartate out". W stanie aktywnym, łańcuch boczny asparagatu jest skierowany do kieszeni wiązania ATP i współrzędne Mgβ+. To się nazywa konformacja "DFG- aspartate in". Ta terminologia jest lepsza niż "DFG-in" i "DFG- out", ponieważ w stanie nieaktywnym, DFG-fenyloalanina może przenieść się do aktywnego miejsca, podczas gdy DFGaspartate przemieszcza się; jest to zdolność aspartate do wiązania (aspartate in) lub nie wiązania (aspartate out) do Mg2+ w aktywnym miejscu, który jest kluczem[(72)].

2.3.2 Kinazy MAP (ERK1 i 2)

1. Kinazy MAP: Kinazy białkowe odgrywają dominującą rolę regulacyjną w prawie każdym aspekcie biologii komórki. Rodzina ludzkiej kinazy białkowej składa się z 518 genów, które odpowiadają około 1,7% genomu, co czyni ją jedną z największych rodzin genów [(73)]. Kinazy białkowe katalizują reakcję. Należy zauważyć, że do podłoża białkowego przenoszona jest grupa fosforowa (PO3 β-[),] a nie grupa fosforanowa (PO4 β-). Ze względu na charakter fosforylowanej grupy OH, białka te są klasyfikowane jako kinazy białkowo-serynowo-treoninowe (385 członków), białkowo-tyrozynowe (90 członków) oraz tyrozynowo-kinazy podobne do białek (43 członków). Ponadto, istnieje 106 pseudogenów kinazy białkowej. Mała grupa kinaz o podwójnej swoistości, w tym (MEK1 i 2), katalizuje fosforylację tyrozyny i treoniny w białkach docelowych, takich jak (ERK1 i 2). Kinazy o podwójnej swoistości należą do rodziny kinaz białkowo-serynowo-treoninowych[(73)].

Fosforylacja białek jest najbardziej rozpowszechnionym rodzajem modyfikacji potranslacyjnej stosowanej w transdukcji sygnału. Rodziny fosfataz białkowych katalizują dephosforylację białek [(74, 75), przez] co dephosforylacja jest procesem odwracalnym. Kinazy MAP ssaków składają się z cytoplazmatycznych kinaz białkowych seryny/trójoniny, które uczestniczą w przenoszeniu sygnałów z powierzchni do wnętrza komórki. W skład tej grupy wchodzi rodzina pozakomórkowych kinaz regulowanych sygnałem (ERK), Każda kaskada sygnalizacyjna MAPK składa się z co najmniej trzech składników lub poziomów: kinazy MAPK (MAP3K), kinazy MAPK (MAP2K) i MAPK (rys. 2.8). Aktywowane kinazy MAP katalizują fosforylację wielu białek substratowych, w tym czynników transkrypcyjnych, kinaz i fosfataz białkowych oraz innych białek funkcjonalnych[(76)].

2. Zasadniczy kontra nieistotny charakter ERK1 i ERK2: ludzkie ERK1 i ERK2 są w 84% identyczne pod względem kolejności i mają wiele, jeśli nie wszystkie funkcje [(77)]. Z tego powodu będą one określane jako (ERK1 i 2). (ERK1 i 2), jak prawie wszystkie kinazy białkowe, zawiera unikalne rozszerzenia

terminala Nand C, które zapewniają specyficzność sygnalizacyjną. ERK1 zawiera 17-aminokwasową wkładkę w swoim N-końcowym przedłużeniu (rys. 2.6). Rodzina (ERK1 i 2) składa się z 31-aminokwasowego insertu w obrębie domeny kinazowej (domena z wkładką kinazową), który zapewnia dodatkową specyfikę funkcjonalną. Rodzina kinaz zależnych od cykliny zawiera również porównywalną domenę z wkładką kinazową (78). W niniejszym przeglądzie skupiono się na biochemii i biologii molekularnej (ERK1 i 2) kinaz MAP. Enzym ERK2 został przebadany szerzej niż enzym ERK1.

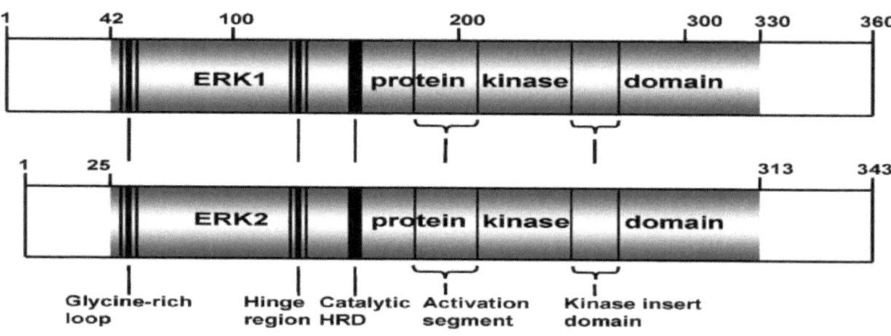

Rysunek (2.7): Architektura ludzkich ERK1 i ERK2. Są to liczby dotyczące pozostałości aminokwasów(78)

Ludzki ERK2 składa się z 360 pozostałości aminokwasów, podczas gdy enzym szczurów i myszy składa się z 358 pozostałości. Chociaż w niniejszym przeglądzie zwrócono uwagę na udokumentowanie badanych gatunków enzymów, różnica dwóch pozostałości jest najprawdopodobniej nieistotna. Ludzki ERK1 składa się z 379 pozostałości aminokwasów, a szczur i mysz ERK1 z 380 pozostałości. ERK1 i ERK2 różnią się od siebie w większym stopniu niż ERK1 lub ERK2 w przypadku tych trzech gatunków. Wszystkie znane stymulanty komórkowe szlaku (ERK1 i 2) prowadzą do równoległej aktywacji ERK1 i ERK2 (79). Ponadto Robbins *i wsp.* wykazali, że wyrażone bakteryjnie ERK1 i ERK2 posiadają identyczną aktywność specyficzną dla substratu *in vitro* (80). Zaobserwowano, że stosunek aktywacji ERK1/ERK2 w komórkach odpowiada ich stosunkowi ekspresji wskazującemu, że izoformy są aktywowane równolegle (81). Pomimo licznych wysiłków mających na celu ustalenie różnic, funkcje obu izoform są podobne. Badania nad ablacją genów dostarczyły tymczasowych dowodów na zróżnicowanie funkcji (ERK1 i 2).

Istnieje wiele rodzajów rusztowań do sygnalizacji MAPK w komórkach ssaków, jak pokazano poniżej:

1. KSR1 i 2: Kinase Suppressor of Ras: KSR jest związany z MEK w cytoplazmie. Po aktywacji Ras, KSR przenosi się za pomocą (MEK1 i 2) na membranę plazmową, która przenosi (MEK1 i 2) w bliskiej odległości od swojego aktywatora C Raf i dalszych efektorów (ERK1 i 2). Te interakcje prowadzą do powstania kompleksu Raf/MEK/ERK [(82)].

2. β. Ograniczniki1 i β: Ograniczniki obfitują w doły pokryte klatryną i wzmacniają sygnalizację MAPK przez rusztowania C-Raf, MEK i ERK [(83)] Ograniczniki działają w podobny sposób jak Sef, kierując sygnalizację MAPK na cytosol i zapobiegając przeniesieniu ERK na jądro [(84)].

3. Paxillin: Znajduje się przy ogniskowych zrostach, obok innych specyficznych dla zrostów ogniskowych białek, takich jak kinaza zrostowa (FAK) i Actopaxin [(85)]. Ogniskowe zrosty są miejscami ścisłego przylegania między cytoszkieletem aktynowym a macierzą pozakomórkową i są regionami transdukcji sygnału, które odnoszą się do kontroli wzrostu.

4. MP1: rusztowanie MEK Partner-1/MPKS1Mitogen aktywowany kinazą białkową 1MP1 selektywnie wiąże się z MEK1 i ERK1, ale nie z MEK2 lub EKR2 poprzez zbliżenie do siebie MEK1 i ERK1, MP1 wzmacnia sygnalizację tą drogą. Kompleks ten jest skierowany do późnych endosomów poprzez interakcję MP1 z endosomeproteinemp14 i wzmacnia sygnalizację MAPK w kierunku tego przedziału. Down - regulacja ekspresji MP1 lub p14 zmniejszyła aktywację ERK/MAPK, natomiast over - ekspresja zwiększyła sygnalizację ERK/MAPK [(84)]. Ponadto, zwiększona aktywacja ERK była uzależniona od lokalizacji kompleksu rusztowań do późnych endosomów jako błędna lokalizacja spowodowanego MP1 tłumienia czasu trwania sygnału MAPK. Rusztowanie PAK1 p14 wchodzi również w interakcję z PAK1 i prowadzi do zwiększonej fosforylacji i aktywacji MEK podczas adhezji komórek i rozprzestrzenia się na fibronektyny [(86)]. Ponadto, MP1 również współdziała z MORG1.

5. MORG1: organizator MAPK MORG1 wiąże C Raf, MEK, ERK i MP1. MORG1 zachowuje się zgodnie z efektem prozone. Co ciekawe, stymulacja komórek za pomocą surowicy lub kwasu lizofosfatydowego zwiększała aktywność ERK, podczas gdy stymulacja za pomocą EGF nie [(87)].

6. Shoc2/Sur8: podjednostka regulacyjna fosfatazy białkowej 1, bogatego w leucynę białka powtarzalnego, które tworzy kompleks z Rafem i Rasem. Wstępne badania wykazały, że w przypadku nadekspresji, ssaki Shoc2/Sur8enhancesRaf aktywacji poprzez promowanie jego interakcji z Ras i tym samym zwiększenie siły sygnalizacji ERK. Co uderzające, hamowanie Shoc2/Sur8 powoduje zahamowanie MAPK w komórkach nowotworowych z mutantem Ras [(88)].

7. IQGAP1: integruje ścieżki sygnalizacyjne i uczestniczy w zróżnicowanej aktywności komórkowej Binds B-Raf, MEK i ERK i obiektów aktywacji ERK na określonych poziomach EGF lub insulinopodobnego czynnika wzrostu, co pokazuje, że optymalna aktywacja ERK/MAPK wymaga zrównoważonej stechiometrii IQGAP1 do białek sygnalizacyjnych. IQAGP1 jest skończony - wyrażony w niektórych nowotworach, takich jak piersi i jajniki, dlatego jego funkcje rusztowania dla szlaku ERK może przyczynić się znacząco do rozwoju nowotworów [(89)].

8. PEB1: Białko wiążące fosfatydylo-etanoloaminę 1/RKIP wiąże się z Rafem i MEK i zapobiega ich fizycznemu oddziaływaniu, hamując fosforylację MEK i aktywację przez C-Raf i B-Raf. Po stymulacji mitogenicznej, RKIP odłącza się od Raf, aby umożliwić aktywację MEK. RKIP indukuje przełącznik jak MEK [(90)].

9. Sef: Sef znajduje się przy aparacie Golgi i wiąże się z aktywnym MEK i ułatwia aktywację ERK. Sef działa jako regulator przestrzenny dla sygnalizacji MAPK, zapobiegając przeniesieniu ERK do jądra, ale zatrzymując je w cytoplazmie. [(91)].

Skutki działania rusztowań na p (ERK1 i 2) były widoczne w następujący sposób: (A) Schemat dla wysokiej i niskiej aktywności fosfatazy z rusztowaniem i bez niego. (i) W przypadku niskiej aktywności fosfatazy i braku rusztowań, kinazy mogą się łatwo aktywować, a sygnał rozprzestrzenia się wykładniczo wzdłuż kaskada. (ii) Gdy kinazy są związane z rusztowaniem przy niskiej aktywności fosfatazy, każda z kinaz jest zlokalizowana, więc prawdopodobne jest, że będzie oddziaływać tylko z sąsiednią kinazą podłoża, a wzmocnienie sygnału jest tłumione. (iii) Gdy poziom aktywności fosfatazy jest wysoki i nie ma rusztowań dla kinaz, z którymi można się skompleksować, rozprzestrzenianie się sygnału jest utrudnione, ponieważ kinaza prawdopodobnie napotka fosfatazę i ulegnie dezaktywacji, zanim osiągnie swój cel. (iv) W warunkach wysokiej aktywności fosfatazy, kompleks rusztowań ułatwia wzmocnienie sygnału dzięki zwiększonemu lokalnemu stężeniu kinaz. Dzieje się tak dlatego, że prawdopodobieństwo pomyślnego oddziaływania kinazy z jej podłożem jest znacznie większe niż w przypadku napotkania dezaktywującej fosfatazy, która nie jest zlokalizowana na rusztowaniu. Szare kwadraty reprezentują fosfatazy [85].

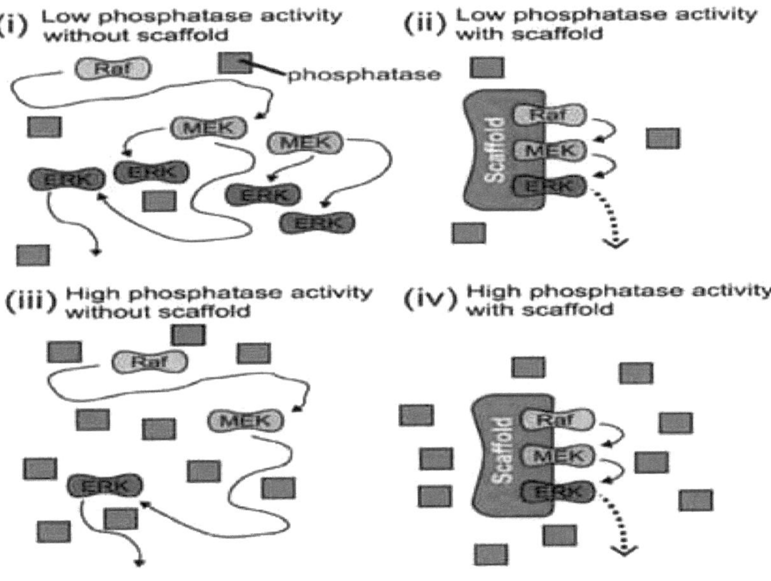

Rysunek (2.6): Proponowane efekty działania rusztowań [841].

2.3.3 Kaskada sygnalizacyjna (ERK1 i 2):

(ERK1 i 2) są wszechobecnymi hydrofilowymi białkami niereceptornymi, które uczestniczą w kaskadzie transdukcji sygnału Ras-Raf-MEK- ERK, oznaczanej czasami jako kaskada kinazy białek aktywowanych mitogenem (MAPK) [92]. Kaskada ta bierze udział w regulacji wielu różnych procesów, w tym adhezji komórek, progresji cyklu komórkowego, migracji komórek, przetrwania komórek, różnicowania, metabolizmu, proliferacji i transkrypcji. Ponadto mutacje onkogenne u człowieka KRAS występują w około 58% trzustki, 33% jelita grubego i 31% raków żółciowych, a mutacje NRAS w około 18% czerniaków [93]. Ogólnie rzecz biorąc, geny RAS są aktywowane w około 30% wszystkich nowotworów u ludzi [94]. Mutacje aktywujące w RAF występują być może w 7% wszystkich nowotworów u ludzi [95, 96]. Na przykład, mutacje BRAF występują w około 40-60% czerniaków, 40% raków tarczycy, 30% raków jajników i 20% raków jelita grubego [95, 96]. Ścieżka Ras-Raf-MEK-ERK jest regulowana w wielu odmianach nowotworów nawet przy braku mutacji onkogennych [97].

Jak pokazano na rysunku (2.8) kaskady kinaz ERK, p38, i JNK MAP. Występujące w cytoplazmie kinazy MAP, które mogą być przenoszone do jądra, katalizują fosforylację kilkudziesięciu białek cytozolowych i licznych czynników transkrypcji jądrowej. Dostosowane z Ref [98].

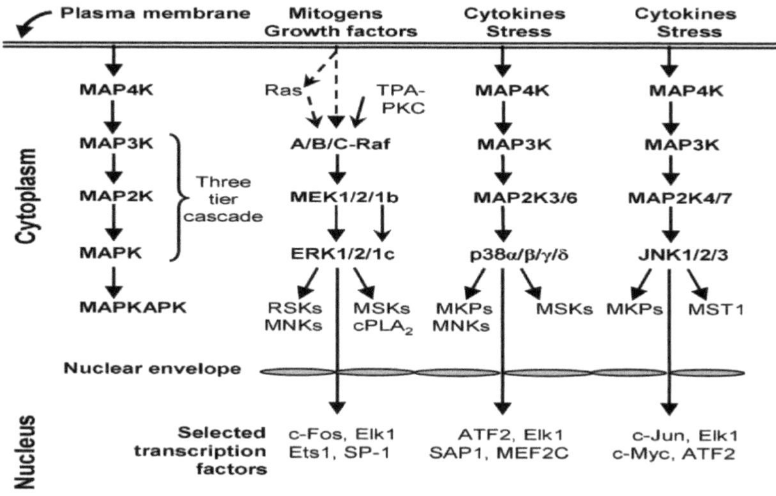

Rysunek (2.7): ERK, p38, i kaskady kinaz JNK MAP[98].

H-Ras, K-Ras i N-Ras, trzy produkty genowe, mają masę cząsteczkową około 21 kDa. Cząsteczki te działają jako przełączniki molekularne, ponieważ nieaktywny Ras- GDP jest przekształcany w aktywny Ras- GTP w procesie, który jest pośredniczyć przez czynnik wymiany nukleotydów guaniny (GEF), który jest również znany jako (Sos1 i 2) (od syna Drosophila siedem mniej) [78]. Ta konwersja Ras-GDP do Ras-GTP jest promowana przez działanie kilku kinaz białkowo-tyrozynowych receptorów, w tym z rodziny EGFR, receptora insulinopodobnego czynnika wzrostu, rodziny VEGFR i wielu innych [97]. Dymeryzacja receptorów wywołana przez ligand-indukowane promuje autofosforylację receptorów w Trans, co skutkuje aktywacją receptorów. Takie fosforylowane pozostałości służą jako miejsca wiążące dla białek, które zawierają domeny o homologii Src 2 (SH2), domenę wiążącą fosfotorozynę (PTB) lub obie te domeny, które są wyrażone w Shc [99, 100]. Shc z kolei rekrutuje Grb2 (białko związane z receptorem wzrostu 2) i (Sos1 i 2) prowadzące do aktywacji Ras. Najlepiej scharakteryzowana droga aktywacji Ras występuje w błonie plazmowej i jest za pośrednictwem (Sos1 i 2), jak wspomniano powyżej. Aktywowane receptory sprzężone z białkiem G i integryną, które są integralnymi białkami błonowymi, mogą również prowadzić do powstania aktywnego Ras-GTP. Ras-GTP posiada kilkanaście ścieżek efektorowych w dolnym biegu rzeki, w tym kaskadę sygnalizacyjną Raf-MEK-ERK [97]. Aktywny Ras-GTP jest przekształcany w nieaktywny Ras-GDP, ponieważ wewnętrzna aktywność Ras-GTPase jest stymulowana przez białko aktywujące GTPase (GAP) (101).

Ras-GTP prowadzi do aktywacji rodziny kinaz Raf (A-, B- i C-Raf) poprzez skomplikowany wieloetapowy proces, w którym powstają homodimer i heterodimer [102]. Kinazy rafowe mają ograniczoną specyficzność podłoża i katalizują fosforylację i aktywację MEK1 i MEK2. MEK1 i 2 to kinazy białkowe o podwójnej specyficzności, które pośredniczą w fosforylacji tyrozyny i treoniny w ERK1 i ERK2, ich jedynych znanych podłożach fizjologicznych [103, 104]. Ta fosforylacja aktywuje (ERK1 i 2), które są kinazami białkowo-serynowo-treoninowymi. W przeciwieństwie do kinaz Raf i (MEK1 i 2), które mają wąską specyficzność substratu, ERK1 i ERK2 mają ponad 175 udokumentowanych cytoplazmatycznych i nuklearnych substratów [105] i z pewnością więcej ich znajdziemy. Podczas gdy izoformy Raf są głównymi MAP3K w module (ERK1 i 2), MEKK1, Mos i COT (MAP3K8 lub TPL2) są dodatkowymi (ERK1 i 2) MAP3K wykorzystywanymi w bardziej ograniczonych typach komórek i sytuacjach specyficznych dla stymulacji [106, 107].

Kaskada sygnalizacyjna Ras-Raf-MEK-ERK jest nieregulowana w różnych chorobach, w tym urazach mózgu, nowotworach, przerostach serca, cukrzycy i stanach zapalnych [108-112]. Co więcej, mutacje onkogenne RAS lub BRAF są odpowiedzialne za znaczną część nowotworów u ludzi, jak zauważono wcześniej w tej sekcji [94, 95]. Ze względu na znaczenie kinaz białkowych w ogóle oraz w (ERK1 oraz

2) W szczególności kaskada sygnalizacyjna, kinazy białkowe stanowią w dobrej wierze cele narkotykowe, które cieszą się dużym zainteresowaniem ze strony dużej grupy naukowców biomedycznych [113]. Dowody anegdotyczne wskazują, że być może jedna czwarta do jednej trzeciej badań nad odkrywaniem leków prowadzonych przez komercyjne firmy farmaceutyczne jest ukierunkowana na kinazy białkowe. Co więcej, znaczna część badań naukowych

jest ukierunkowana na zrozumienie biologii molekularnej i fizjologii szlaków sygnalizacji kinazy białkowej [(67)].

2.3.4 Kinetyka enzymów stanu ustalonego w aktywnych i nieaktywnych ERK2

Prowse i Lew porównali stacjonarne parametry kinetyczne dla fosforylacji podstawowego białka mielinowego (MBP) przez bisfosforylowane (aktywne) i niefosforylowane (mniej aktywne) ERK2 (PpERK) [(77)]. Podali oni, że kkat dla aktywnego ERK2 jest 50 000 razy większy niż dla postaci niefosforowanej, a stałe specyficzności (kkat/$Km_{(MBP)}$, kkat/$Km_{(ATP))}$ są 600 0000-700 000 razy większe niż dla postaci mniej aktywnej. Jednakże wartość Km MBP dla enzymu niefosforowanego jest 12-krotnie większa niż dla enzymu bisfosforowanego, a wartość Km ATP dla enzymu mniej aktywnego jest 15-krotnie większa niż dla enzymu bisfosforowanego. ERK2, PKA i inne kinazy białkowe wykazują aktywność ATPazy, gdy grupa fosforowa jest przenoszona do wody, a nie do podłoża białkowego lub peptydowego, jak wskazano w poniższym równaniu chemicznym:

MgATP-1 + HO: H → HO: $PO3^{2-}$ + MgADP + H+

ATPaza k_{kat} dla enzymu bisfosforowo-aktywnego jest 2000 razy większa niż dla enzymu niefosforowo-aktywnego, a Km ATP jest 1/9 razy większa niż dla enzymu nieaktywnego [(67)]. Stosunki względne $k_{kat.}$ do reakcji kinazy MBP ($K_{kat.}$ = 600 000) i reakcji ATPazy ($K_{kat.}$ = 2000) pomiędzy ERK2 bisfosforowanym i niefosforowanym sugerują, że stabilizacja netto kompleksu stanu przejściowego dla transferu grup fosforowych do MBP występuje tylko częściowo poprzez stabilizację ATP i że występuje znaczna stabilizacja białkowego substratu fosfoakceptora [(114)].

2.4 Korelacja między p (ERK1 i 2), hormonem gonadotropiny i prolaktyną

Dwie krytyczne drogi, które wzajemnie się komunikują, wpływając na proliferację i różnicowanie komórek jajnikowych, to droga PI3K1AKT/FOXOI oraz kaskada Ras/Raf/MEKIERK. FSH może stymulować obie ścieżki; super-owulacyjny reżim hormonów PMSG / HCG (analogi FSH/LH) [(115)]. Jak pokazano na rysunku (2.9), po związaniu przez FSH/LH jego 7-błonowego receptora sprzężonego z białkiem G, aktywowaną główną ścieżką jest ścieżka PKA. Wiązanie FSHJLH może również indukować aktywację szlaku JAK/STAT oraz szlaku Ras/Raf/MEK/ERK poprzez aktywację receptora EGFR. Jednak gdy FSH/LH wiąże swój receptor, aktywowany jest Ras, który wiąże i aktywuje receptor EGF. Aktywacja receptora EGF prowadzi do autofosforylacji kluczowych pozostałości tyrozyny. Te miejsca fosforylowane tyrozyną umożliwiają wiązanie się białek przez ich domeny Src homology 2 (SH2) i prowadzą do aktywacji dalszych kaskad sygnalizacyjnych. Ras może również wiązać receptor IGF powodując aktywację PI3K i wynikającą z niej aktywację szlaku PI3K1AKTIFOXO. Ścieżki te działają w sposób skoordynowany w celu promowania przetrwania komórek [115].

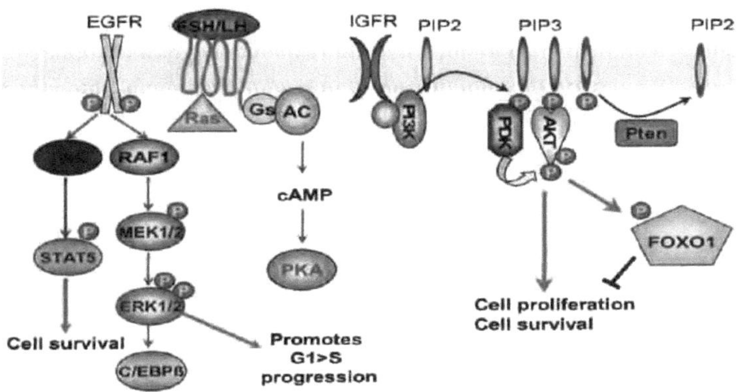

Rysunek (2.8): Aktywacja szlaku PKA FSH/LH łączy się z jego 7-błonowym receptorem sprzężonym z białkiem G, głównym szlakiem, który jest aktywowany szlakiem PKA [115].

2.4.1 Korelacja między p(ERK1 i 2), LH i FSH

Hormony gonadotropowe, hormon stymulujący pęcherzyki (FSH) i hormon luteinizujący (LH), które są uwalniane z przysadki mózgowej, odgrywają kluczową rolę w kontrolowaniu funkcji rozrodczych u mężczyzn i kobiet. Pluotropowe działanie gonadotropin przejawia się w różnych komórkach układu rozrodczego, w tym w LH i FSH w komórkach ziarnistości jajników, LH w komórkach wewnętrznych, FSH w komórkach jądra Sertoli oraz LH w komórkach Leydiga [116, 117]. Jednym z głównych oddziaływań zarówno LH jak i FSH na jajnik jest stymulacja produkcji estradiolu i progesteronu, które odgrywają ważną rolę w funkcji jajnika i kontroli cyklu rozrodczego [116]. Szczegółowo scharakteryzowano mechanizmy związane z regulacją produkcji progesteronu przez komórki ziarnistości jajników. Gonadotropiny wywierają swoją stymulującą aktywność poprzez interakcję ze specyficznymi siedmioma receptorami transmembranowymi, będącymi receptorami LH i FSH. Po związaniu gonadotropin oba receptory stymulują białko Gs, które aktywuje związaną z błoną cyklazę adenylową, powodując uniesienie wewnątrzkomórkowego cAMP [(118)]. Ten cykliczny nukleotyd służy jako drugi posłaniec do upregowania steroidogennego ostrego białka regulacyjnego (StAR) i systemu enzymu cytochromu P450 (P450scc), który został poddany przeglądowi [(117)].

Aktywacja alternatywnych szlaków sygnałowych przez receptory gonadotropinowe została opisana powyżej w mechanizmie działania hormonów na rysunku (2.11), w tym mobilizacji jonów wapnia, aktywacji szlaku fosfoinozytolu i stymulacji napływu jonów chlorkowych [(119)]. Jednak te procesy sygnalizacyjne wywołane przez gonadotropinę nie były wcześniej związane z modulacją steroidogenezy [(118)]. Kolejnym procesem, który odgrywa ważną rolę w hamowaniu steroidogenezy gonadotropinowej jest odczulanie receptora gonadotropinowego [(120)]. Uważa się, że fosforylacja receptorów gonadotropinowych z kinazami białkowymi sprzężonymi z białkami G, aresztyna białek adaptacyjnych i masywna internalizacja receptorów odgrywają rolę w regulacji dolnej sygnalizacji gonadotropinowej. Ponieważ jednak odczulanie poprzedza internalizację receptora gonadotropinowego, w szybkim tłumieniu sygnałów gonadotropinowych poniżej receptorów mogą uczestniczyć dodatkowe mechanizmy [(121, 122)].

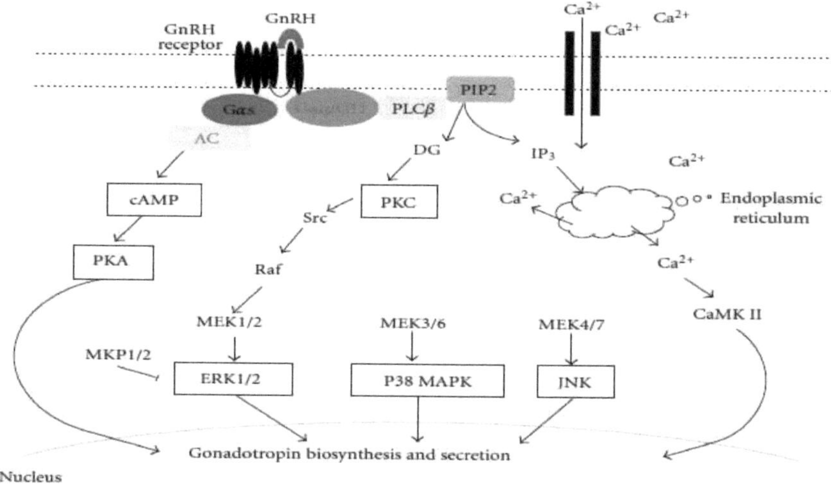

Rysunek (2.9): Schematyczne podsumowanie sygnalizacji wewnątrzkomórkowej przez GnRH. [(123)].

Wcześniej wykazano, że w odpowiedzi na LH i FSH [124] aktywowana jest ERK komórek ziarnistości jajnika (2-5-krotnie). Efekty te były naśladowane przez uniesienie wewnątrzkomórkowego cAMP, a efekt FSH był hamowany przez inhibitory PKA, co wskazuje, że ERK przetwarza sygnały poniżej PKA w komórkach ziarnistych indukowanych gonadotropiną. Badania wykazały, że gonadotropiny indukują aktywację ERK i produkcję progesteronu poprzez cAMP w unieśmiertelnionych liniach komórkowych granulozy. Te linie komórkowe są populacjami jednorodnymi, w przeciwieństwie do pęcherzykowych komórek ziarnistych, które pod względem zawartości receptora LH i stopnia dojrzewania stanowią populację heterogeniczną [116]. Co ciekawe, zahamowanie aktywacji ERK powoduje wzrost produkcji progesteronu indukowanego gonadotropiną-CAMP, natomiast aktywacja ERK hamuje ten proces. Ponadto, dodanie inhibitora MEK zwiększyło wewnątrzkomórkową zawartość StAR, który działa poniżej cAMP, co sugeruje, że hamujący wpływ ERK na steroidogenezę może być spowodowany zmniejszeniem ekspresji StAR. Jest więc prawdopodobne, że indukowane gonadotropiną powstawanie progesteronu jest regulowane przez PKA, który indukuje nie tylko ekspresję GWIAZD, ale także przeciwdziałający jej mechanizm regulacji w dół. Te dwa mechanizmy są jednocześnie uruchamiane przez aktywację ERK, która zmniejsza ekspresję StAR [117].

Rys. 2.12 Modele schematyczne przedstawiające proponowaną ścieżkę sygnalizacji w regulacji dolnej LH/hCG mRNA wywołanej LHR. Wiązanie ligandu z receptorem LH indukuje aktywację (ERK1 i 2) poprzez ścieżkę cAMP/PKA. Prowadzi to do zwiększenia ekspresji LRBP i tym samym aktywności wiązania LHR mRNA, co ostatecznie prowadzi do degradacji LHR mRNA.

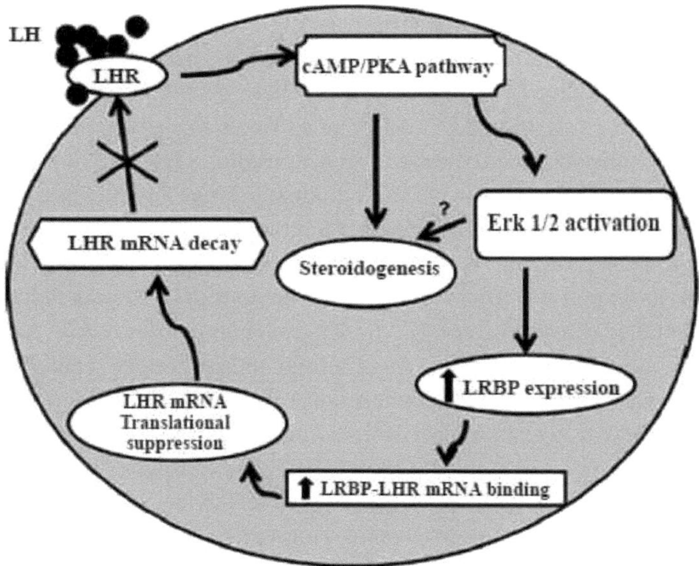

Rysunek (2.10) Schematyczne modele przedstawiające proponowaną ścieżkę sygnalizacji w regulacji dolnej LH/ HCG mRNA indukowanej LHR [(125)].

Rysunek 2.12 przedstawia schematyczne podsumowanie sygnalizacji wewnątrzkomórkowej za pomocą GnRH. Początkowa faza działania GnRH polega na stymulacji białek Gq fosfolipazy Cþ (PLCþ), prowadzącej do utworzenia 1, 4, 5-trójfosforanu (IP3) i diacyloglicerolu (DG) [(125)].

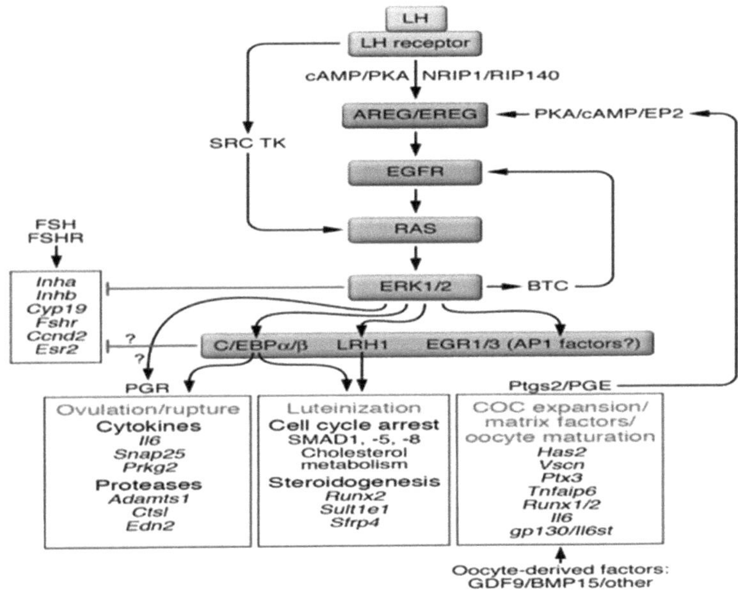

Rysunek (2.13): Drogi prowadzące do owulacji i luteinizacji za pośrednictwem LH [41].

Rysunek 2.13 przedstawia ścieżki prowadzące do owulacji i luteinizacji za pośrednictwem LH. LH indukuje owulację, ekspansję COC, dojrzewanie oocytów i luteinizację w pęcherzykach preowulacyjnych. W tych wydarzeniach pośredniczy aktywacja ścieżki PKA i NRIP1 w ramach LH, które indukują ekspresję czynników podobnych do EFG [41].

2.4.2 Wpływ prolaktyny na ścieżkę MEK/ERK w ludzkiej endometrium.

W celu zbadania wpływu PRL na szlak ERK/MAPK w endometrium ludzkim, tkanka była traktowana 100 ng/ml PRL, a lizaty były analizowane metodą Western blot przy użyciu przeciwciał przeciwko fosforylowanym (T202/Y204) i rodzimym ERK (oba przeciwciała ERK reagują odpowiednio z izoformą ERK ERK 1 i ERK 2, p44 i p42). Analiza Western blot przeprowadzona na białkach, wyekstrahowanych po 30 min. hodowli z PRL, wykazała szybką fosforylację tyrozyny i trioniny p(ERK1 i 2) już po 5 min. hodowli z PRL, ze zwiększoną fosforylacją w 20 i 30 min [66].

2.5 Sygnalizacja ERK w przysadce mózgowej Konieczna tylko dla samic w porównaniu z płodnością samców.

Samce i samice wymagają różnych wzorców wydzielania gonadotropin przysadki mózgowej dla uzyskania płodności. Mechanizmy leżące u podstaw tych specyficznych dla płci profili produkcji hormonów przysadki mózgowej nie są znane, jednak mają one zasadnicze znaczenie dla zrozumienia dimorficznej kontroli funkcji rozrodczych na poziomie molekularnym. Kilka badań sugeruje, że (ERK1 i 2) są niezbędnymi modulatorami podwzgórzowej regulacji produkcji i płodności gonadotropiny przysadki mózgowej za pośrednictwem GnRH. Stwierdzono, że sygnalizacja ERK była wymagana u samic do owulacji i płodności, podczas gdy funkcja rozrodcza samców nie jest zaburzona przez ten niedobór sygnalizacji. Wpływ ablacji szlaku ERK na biosyntezę LH leży u podstaw tego specyficznego dla płci fenotypu, a mechanizm molekularny wiąże się z wymogiem uzależnionej od ERK regulacji w górę czynnika transkrypcyjnego Egr1, który jest niezbędny do ekspresji LH_. Łącznie, wyniki te stanowią znaczący postęp w wyjaśnianiu molekularnych podstaw specyficznej dla płci regulacji osi podwzgórze-przysadka-gonada i dimorficznej kontroli płodności [(126)].

ROZDZIAŁ TRZECI : MATERIAŁY I METODY

3.1 Projekt studyjny

Niniejsze opracowanie stanowi studium kontroli przypadków

3.2 Przypadki

Badanie przeprowadzono na 25 niepłodnych i 21 niepłodnych zamężnych kobiet w drugim lub trzecim dniu cyklu miesiączkowego w wieku od 15 do 40 lat, które przeprowadzono w okresie od listopada 2013 r. do kwietnia 2014 r. w Tikrit City - Tikrit Teaching Hospital, Ginekologia Poradnia Ginekologiczna. Przypadki uwzględnione w tym badaniu zostały podzielone na dwie grupy:

1. Grupa pierwsza: Kobiety bezpłodne i płodne, ich wiek wynosił mniej niż 25 lat.

2. Grupa druga: Kobiety bezpłodne i płodne, ich wiek wynosił ponad 25 lat.

3.3 Materiały:

1. Wzory
2. Sprzęt i narzędzia
3. Substancje chemiczne i odczynniki

3.3.1 Próbki:

1. Próbka krwi:

Cztery mililitry krwi żylnej pobrano z żyły pozapłodowej podczas cyklu miesiączkowego ($^{2.}$ lub 3. dzień miesiączki) zarówno dla kobiet płodnych jak i niepłodnych, za pomocą strzykawki jednorazowej, następnie próbka krwi została przeniesiona bezpośrednio do jednorazowej zwykłej probówki i pozostawiona na 15-30 minut w temperaturze 37°C w celu utworzenia skrzepu, następnie surowica została oddzielona przez odwirowanie przy 3000 obr/min przez 10 minut, a następnie przeniesiona do nowej zwykłej probówki i zamrożona w temperaturze -8°C i przechowywana do czasu analizy p (ERK1/2), FSH, LH i prolaktyny.

2. Próbka moczu:

Próbki moczu pobierano i umieszczano w kubku na mocz podczas cyklu miesiączkowego (2. lub 3. dzień miesiączki) zarówno dla kobiet płodnych, jak i niepłodnych, (1ml) umieszczano bezpośrednio w jednorazowym zwykłym probówce, pozostawiano na 15-30 minut w temperaturze 37 °C w celu wytrącenia nieczystości, następnie mocz oddzielano przez wirowanie przy 3000 obr/min przez 10 minut, warstwę supernatantu przenoszono do nowego zwykłego probówki i zamrażano w temperaturze -8 °C i utrzymywano tylko do czasu analizy p (ERK1/2).

3.3.2 Sprzęt i narzędzia:

Tabela (3.1): Sprzęt i narzędzia

Numer	Sprzęt i narzędzia	Firma
1	Zwykła rurka	Chińska firma Barcopharma
2	Mikropipeta 100- 1000 μL	Niemiecki Huawei
3	Mikropipeta 10- 100 μL	Niemiecki doskonały
4	Jednorazowe końcówki pipet	Chińska firma Barcopharma
5	Wirówka	Chińska wirówka Anke TGL-16B, Anting Scientific Instrumental Factory
6	Standardowy czytnik enzymów (ELISA)	(DioMed EuroGen, D.E.E. READ)
7	Inkubator	Memmert Niemcy

3.3.3 Środki chemiczne i odczynniki:

Odczynniki stosowane w tym badaniu zostały dostarczone przez różne firmy i zostaną szczegółowo opisane w ramach powiązanych metodologii.

Tabela (3.2): Odczynnik chemiczny i zestawy

Numer	Odczynnik chemiczny i zestawy	Firma
1	Zestaw do badania ELISA z regulowaną kinazą(pERK)Ludzki sygnał fosfo-ekstra-komórkowy	MyBioSource Inc. USA
2	Zestaw hormonów pobudzających pęcherzyki żółciowe (Follicle Stimulation Hormone Kit)	AccuBind MonoBind Inc. USA
3	Zestaw hormonów luteinizujących	AccuBind MonoBind Inc. USA
4	Zestaw prolaktynowy	AccuBind MonoBind Inc. USA

3.4 Odczynnik chemiczny i zestawy p (ERK 1/2), FSH, LH i prolaktyna:

3.4.1 Sygnał pozakomórkowy Kinaza regulowana ERK 1/2 Zasada

Test immunosorbentu połączonego z enzymem (ELISA) oparty na technologii Biotin double antibody sandwich do oznaczania kinazy regulowanej sygnałem pozakomórkowym ludzkiego fosforu (pERK). Do dołków, które są wstępnie powlekane przeciwciałem monoklonalnym fosfo-ekstrakularnej kinazy regulowanej sygnałem dźwiękowym (pERK), dodaje się kinazę pERK (pospho-extracellular signal-regulated kinase), a następnie inkubuje się. Następnie dodać przeciwciała anty pERK oznakowane biotyną, aby połączyć się ze streptavidyną-HRP, która tworzy kompleks immunologiczny. Usunąć niezwiązane enzymy po inkubacji i płukaniu. Dodać substrat A i B. Następnie roztwór zmieni kolor na niebieski i zmieni się na żółty pod wpływem działania kwasu. Odcienie roztworu i stężenie ludzkiej fosfo-ekstra-komórkowej kinazy regulowanej sygnałem (pERK) są dodatnio skorelowane.

Tabela (3.3): Materiały dostarczane w zestawie testowym

1	Rozwiązanie standardowe (24ng/ml)	0,5 ml	7	Roztwór chromogenu A	6 ml
2	Rozcieńczenie standardowe	3ml	8	Roztwór Chromogenu B	6 ml
3	Powlekana płytka ELISA	12-studzienka 8 rurek	9	Zatrzymanie rozwiązania	6 ml
4	Streptavidin-HRP	6ml	10	Instrukcja	1
5	Koncentrat do mycia (30X)	20ml	11	Membrana z płytką uszczelniającą	2
6	Przeciwciała antyperkowe oznakowane biotyną	1ml	12	Hermetyczna torba	1

Procedura badania

1. Rozcieńczanie roztworów wzorcowych: (Ten zestaw posiada wzorzec oryginalnego stężenia, który został rozcieńczony w małych probówkach niezależnie od instrukcji): patrz w dodatkach strona (116).

2. Liczba potrzebnych pasków została określona na podstawie liczby badanych próbek, dodanych przez normy. Zasugerowano, że każde standardowe rozwiązanie i każdy ślepy odwiert powinny być rozmieszczone w miarę możliwości z trzema lub więcej odwiertami.

3. Wstrzyknięcie próbki: 1) Pusta studzienka: nie dodano żadnej próbki, przeciwciała antyperkowego znakowanego biotyną lub streptawidyną - HRP i porównano z pustą studzienką z wyjątkiem roztworu chromogenu A i B oraz roztworu zatrzymującego, wykonując te same kroki, które podano poniżej. 2) Standardowe rozwiązanie dobrze: Dodano standard 50µl i Streptavidynę-HRP 50µl (przeciwciała biotynowe połączyły się wcześniej w standardzie, więc nie dodano żadnych przeciwciał biotynowych).

3) Dobrze zbadana próbka: dodano 40µl próbki, a następnie 10µl przeciwciał pERK, 50µl streptavidyny-HRP. Następnie pokryto ją membraną z płyty uszczelniającej. Następnie potrząsał delikatnie, aby je wymieszać, i inkubował się pod adresem 37℃ przez 60 minut.

4. Przygotowanie roztworu myjącego: Stężenie płukania zostało rozcieńczone (30X) z 580 ml wody destylowanej do późniejszego użycia [(127)].

5. Mycie: Membrana z płyty uszczelniającej została ostrożnie usunięta, ciecz została odsączona i wytrząsnęła się z pozostałej cieczy, każda studnia została wypełniona roztworem myjącym. Ciecz spłynęła po 30 sekundach stania. Następnie powtórzyć tę procedurę pięć razy i zmyć płytkę.

6. Rozwój kolorów: Dodano 50μl roztworu chromogenu A najpierw do każdego dołka, a następnie dodano 50μl roztworu chromogenu B do każdego dołka, następnie delikatnie wstrząsnięto, aby je wymieszać, a następnie inkubowano przez 10 minut w temperaturze 37 Cświatła dla uzyskania koloru. z dala od

7. Zatrzymaj rozwiązanie: Do każdego dołka dodano 50μl roztworu zatrzymującego, aby zatrzymać reakcję (niebieski kolor natychmiast zmienił się na żółty w tym momencie).

8. Próba: Pusta studzienka przyjęła wartość zerową, a absorbancja (OD) była mierzona dla każdej studzienki po kolei poniżej 450 nm długości fali, co powinno być wykonane w ciągu 10 minut po dodaniu roztworu zatrzymującego.

9. Na podstawie stężeń w normach i odpowiadających im wartości OD oblicza się równanie regresji liniowej krzywej wzorcowej. Następnie, zgodnie z wartością OD próbek, oblicza się stężenie odpowiedniej próbki. Do obliczeń można by również użyć specjalnego oprogramowania.

3.4.2 Hormon luteinizujący LH

Zasada przeprowadzania testu immunoenzymometrycznego (typ 3)

Podstawowe odczynniki wymagane do wykonania testu immunoenzymometrycznego obejmują przeciwciała o wysokim powinowactwie i swoistości (enzymatyczne i unieruchomione), z różnym i wyraźnym rozpoznawaniem epitope, w nadmiarze, i antygenu rodzimego. W tym zabiegu unieruchomienie następuje podczas badania na powierzchni dołka mikopłytkowego poprzez interakcję pokrytej streptawidyny na dołku i egzogennie dodanego biotynilowanego monoklonalnego przeciwciała anty-LH. Po zmieszaniu biotynilonalnych przeciwciał monoklonalnych, przeciwciała znakowanego enzymem i surowicy zawierającej natywny antygen reagują razem, wyniki pomiędzy natywnym antygenem a przeciwciałami bez konkurencji lub przeszkód sterycznych, tworząc rozpuszczalny kompleks kanapkowy. Interakcja ta jest zilustrowana następującym równaniem:

$BtnAb_{(m)}$ = Biotynilowane przeciwciało monoklonalne (nadmiar ilości) AgLH = Antygen rdzenny (ilość zmienna)

$EnzAb_{(p)}$ = Przeciwciało oznaczone symbolem enzymu (Nadmiar ilości)

$EnzAb_{(p)} - Ag_{(LH)} - BtnAb_{(m)}$ = Antygen - Przeciwciała Sandwich Complex K_a = Stała stawka stowarzyszenia

$$\mathbf{Enz_{Ab\,(p)} + Ag_{LH} + Btn_{Ab\,(m)}} \underset{k_{-a}}{\overset{k_a}{\rightleftharpoons}} \mathbf{Enz_{Ab\,(p)} - Ag_{(LH)} - Btn_{Ab\,(m)}}$$

K_{-a} = Stopa stała dysocjacji

Jednocześnie kompleks odkłada się do studni poprzez reakcję wysokiego powinowactwa streptavidyny i biotynilowanego przeciwciała. Interakcja ta została zilustrowana poniżej:

$$\mathbf{EnzAb_{(p)} - Ag_{(LH)} - BtnAb_{(m)} + Streptavidin_{C.W} \Rightarrow Kompleks\ unieruchomiony}$$

$Streptavidin_{C.W}$ = Streptavidin Immobilized on well Immobilized complex = przeciwciała -antigen sandwich bound

Po osiągnięciu równowagi, frakcja związana z przeciwciałami jest oddzielana od niezwiązanego antygenu poprzez dekantację lub aspirację. Aktywność enzymu we frakcji związanej z przeciwciałami jest wprost proporcjonalna do rodzimego stężenia antygenu. Wykorzystując kilka różnych referencji surowicy o znanej wartości antygenu, można wygenerować krzywą odpowiedzi na dawkę, na podstawie której można określić stężenie nieznanego antygenu.

Odczynnik LH:

A. Kalibrator LH - 1ml/vial - Ikony: Sześć fiolek odniesienia dla antygenu LH na poziomach 0(A), 5(B), 25(C), 50(D), 100(E) i 200(F) mlU/ml .store w temperaturze 2- 8°C. Dodano środek konserwujący.

Uwaga: Kalibratory, oparte na ludzkiej surowicy, zostały skalibrowane przy użyciu preparatu referencyjnego, który został oznaczony względem

B. Odczynnik enzymu LH - 13ml/vial - Ikona

C. Płyta pokryta streptavidyną - 96 odwiertów - Ikona

D. Koncentrat płynu do płukania - 20ml - Ikona

E. Podłoże A - 7ml/ fiolka - Icon SA

F. Podłoże B - 7ml/ fiolka - Ikona SB

G. Stop Solution - 8ml/vial - Ikona

H. Instrukcja produktu

Przygotowanie odczynnika LH

1. Bufor do prania: Zawartość koncentratu myjącego rozcieńczonego do 1000ml wodą destylowaną lub dejonizowaną w odpowiednim pojemniku magazynowym przechowywać w temperaturze 2-30 °C przez okres do 60 dni.

2. Roboczy roztwór substratu: Zawartość bursztynowej fiolki oznaczonej symbolem "A" wlać do przezroczystej fiolki oznaczonej symbolem "B". Umieść żółtą nasadkę na przezroczystej fiolce dla łatwej identyfikacji. Mieszać i etykietować odpowiednio, przechowywać w temperaturze 2-8°C.

Procedura

Przed przystąpieniem do badania konieczne było doprowadzenie wszystkich referencji surowicy odczynników do temperatury pokojowej (20-27 °C).

1- Sformatować studzienki z mikropłytkami dla każdej surowicy referencyjnej, płodnych kobiet i niepłodnych kobiet, które były badane, zastąpić wszelkie nietypowe paski z mikropłytkami z powrotem do aluminiowego worka, uszczelnić i przechowywać w temperaturze (2-8°C).

2- Pobrać pipetą (50 µl) odpowiednią referencyjną surowicę płodnych kobiet lub próbkę do przypisanej studzienki.

3- Do każdego dołka dodano 100 µl odczynnika LH-Enzymu.

4- Delikatnie wirować mikropłytkę przez 20-30 sekund w celu wymieszania i przykrycia. 5- Inkubacja 60 minut w temperaturze pokojowej.

6- Zawartość mikropłytki została odrzucona przez dekantację lub aspirację. Po zdekantowaniu, płyta została zabrudzona i wysuszona przy użyciu papieru chłonnego.

7- Dodać 350µl buforu do płukania (jako część przygotowania

odczynnika) zdekantowanego (kran i kropla) lub zassanego. Powtórzono dwa dodatkowe razy dla trzech (3) myjni. można użyć automatycznej lub ręcznej myjni płytowej .Należy stosować się do instrukcji producenta dla właściwego użytkowania .W przypadku użycia wyciskarki , należy napełnić każdy dołek poprzez wciśnięcie zbiornika (unikając pęcherzyków powietrza) w celu dozowania mycia , zdekantować myjnię i powtórzyć dwa dodatkowe razy .

8- Do wszystkich dołków dodano 100 μl substratu roboczego (jako odcinek przygotowania odczynnika), odczynnik dodawano w tym samym celu, aby zminimalizować różnice w czasie reakcji między dołkami.

9- Płyta była inkubowana w temperaturze pokojowej przez piętnaście (15) minut. Płyta nie trzęsła się po dodaniu substratu.

10- Do każdego dołka dodać 0,05 ml (50 μl) roztworu zatrzymującego i delikatnie wymieszać na (15-20 sekund), odczynnik dodany w tym samym celu, aby zminimalizować różnice w czasie reakcji między dołkami.

11- Chłonność została odczytana w każdym dołku przy długości fali 450 nm (wykorzystując referencyjną długość fali 620- 630 nm w celu zminimalizowania niedoskonałości dołka) w czytniku mikropłytek. Wyniki zostały odczytane w ciągu trzydziestu (30) minut od dodania roztworu zatrzymującego.

Obliczenie wyniku:

Do określenia stężenia hormonu luteinizującego (LH) w nieznanych próbkach stosuje się dawkę krzywej odpowiedzi.

1- Absorpcja uzyskana z wydruku czytnika mikropłytek została zarejestrowana w sposób opisany w przykładzie 1 w załącznikach na stronie (117).

2- Absorbancję dla każdej surowicy referencyjnej wykreślono na papierze z wykresem liniowym w stosunku do odpowiadającego jej stężenia LH w mlU/ml.

3- Narysowana została najlepiej dopasowana krzywa przez wykreślone punkty.

4- W celu określenia stężenia LH dla nieznanego, stwierdzono absorbancję dla każdego nieznanego znajdującego się na osi pionowej wykresu, punkt przecięcia na krzywej oraz odczytano stężenie (w mlU/ml) z osi poziomej wykresu). W przykładzie (patrz strona 117), absorbancja (1,005) przecina krzywą odpowiedzi na dawkę przy stężeniu 42,7 mlU/ml.

Uwaga: Oprogramowanie komputerowe do redukcji danych przeznaczone do testów ELISA może być również wykorzystywane do redukcji danych. Jeśli takie oprogramowanie jest używane, należy sprawdzić jego poprawność.

3.4.3. Hormon stymulujący aktywność fizyczną

Zasada FSH [test immunoenzymometryczny (typ 3)]

Podstawowe odczynniki wymagane do badania immunoenzymometrycznego to przeciwciała o wysokim powinowactwie i swoistości (enzymatyczne i unieruchomione), z różnym i wyraźnym rozpoznawaniem epitopów, w nadmiarze, oraz rodzimy antygen. W tym zabiegu unieruchomienie następuje podczas badania na powierzchni dołka mikopłytkowego poprzez interakcję pokrytej streptawidyny na dołku i egzogennie dodanego biotynilowanego monoklonalnego przeciwciała antyFSH.

$$\mathbf{Enz_{Ab\,(p)} + Ag_{FSH} + Btn_{Ab\,(m)} \underset{k_{-a}}{\overset{k_a}{\rightleftharpoons}} Enz_{Ab\,(p)-Ag\,(FSH)-}Btn_{Ab\,(m)}}$$

$BtnAb_{(m)}$ = Biotynilowane przeciwciało monoklonalne (nadmiar ilości) AgFSH = Antygen rdzenny (ilość zmienna)

$EnzAb_{(p)}$ = Przeciwciało oznaczone symbolem enzymu (Nadmiar ilości)

$EnzAb_{(p)-Ag\,(FSH)-}BtnAb_{(m)}$ = Antygen - Antibodies Sandwich Complex K_a = **Współczynnik** Stały Stowarzyszenia

K_{-a} = Stopa stała dysocjacji

Jednocześnie kompleks odkłada się do studni poprzez reakcję wysokiego powinowactwa streptavidyny i biotynilowanego przeciwciała. Interakcja ta została zilustrowana poniżej:

$EnzAb_{(p)-Ag\,(FSH)-}BtnAb_{(m)}$ + Streptavidin $_{C.W}$ ⇒ Kompleks unieruchomiony

Streptavidin $_{C.W}$ = Streptavidin unieruchomiony na studni

Kompleks unieruchomiony = Kompleks warstwowy związany z powierzchnią stałą

Po osiągnięciu równowagi, frakcja związana z przeciwciałami jest oddzielana od niezwiązanego antygenu poprzez dekantację lub aspirację. Aktywność enzymu we frakcji związanej z przeciwciałami jest wprost proporcjonalna do rodzimego stężenia antygenu. Wykorzystując kilka różnych referencji surowicy o znanej wartości antygenu, można wygenerować krzywą odpowiedzi na dawkę, na podstawie której można określić stężenie nieznanego antygenu.

Odczynnik FSH:

A. Kalibrator FSH - 1ml/vial - Ikony: Sześć (6) fiolek odniesienia dla antygenu LH na poziomach 0(A), 5(B), 25(C), 50(D), 100(E) i 200(F) mlU/ml

. store w 2-8˚C. Dodano środek konserwujący.

Uwaga: Kalibratory, oparte na ludzkiej surowicy, zostały skalibrowane przy użyciu preparatu referencyjnego, który został poddany testom.

B. Odczynnik enzymu FSH - 13ml/vial - Ikona.

C. Płyta pokryta streptavidinem - 96 studni - Ikona.

D. Koncentrat płynu do płukania - 20ml - Ikona.

E. Podłoże A - 7ml/vial - ikona ^{SA}.

F. Podłoże B - 7ml/vial - ikona SB.

G. Stop Solution - 8ml/vial - ikona.

H. Instrukcja produktu.

Przygotowanie odczynnika

1. Bufor do prania: Rozcieńczyć zawartość koncentratu myjącego do 1000ml wodą destylowaną lub dejonizowaną w odpowiednim pojemniku magazynowym .Przechowywać w temperaturze 20-27 ˚C do 60 dni.

2. Roboczy roztwór substratu: Zawartość bursztynowej fiolki oznaczonej symbolem "A" wlać do przezroczystej fiolki oznaczonej symbolem "B". Umieść żółtą nasadkę na przezroczystej fiolce dla łatwej identyfikacji. Wymieszać i odpowiednio oznakować. I przechowywany w temperaturze 2-8˚C.

Procedura dla FSH

Przed przystąpieniem do badania konieczne było doprowadzenie wszystkich odczynników, referencji surowicy przygotowanych do temperatury pokojowej (20- 27 °C).

1- Sformatować studzienki z mikropłytkami dla każdej badanej surowicy referencyjnej, płodnych i niepłodnych kobiet, które były badane. Wszelkie nietypowe paski z mikrodołkami zostały wymienione i z powrotem do aluminiowego worka, uszczelnione i przechowywane w temperaturze (2-8 °C).

2- Odpipetować (50 µl) odpowiednią kontrolę referencyjną surowicy lub próbkę do przypisanego basenika.

3- Dodać (100 µl) odczynnika FSH-Enzyme do wszystkich dołków.

4- Delikatnie wirować mikropłytkę przez 20-30 sekund w celu wymieszania i przykrycia. 5- Inkubacja 60 minut w temperaturze pokojowej.

5- Wyrzucić zawartość mikropłytki przez dekantację lub zasysanie, po zdekantowaniu, płytkę wymyć i wysuszyć za pomocą papieru absorpcyjnego **7-** Dodać 300µl buforu do przemywania (jako sekcji przygotowania odczynnika) dekantu (kran i kleks) lub zasysać, powtórzyć dwa dodatkowe razy dla łącznie trzech przemyć. Można zastosować automatyczną lub ręczną podkładkę płytową. Postępuj zgodnie z instrukcjami producenta dotyczącymi właściwego użytkowania, jeśli używana jest butelka z wyciskarką, napełnij każdy dołek przez wciśnięcie pojemnika (unikając pęcherzyków powietrza) w celu dozowania prania, zdekantować pranie i powtórzyć dwa dodatkowe razy.

6- Dodatek (100µl) substratu roboczego do wszystkich dołków (jako sekcji przygotowania odczynnika) zawsze dodawany jest w tym samym celu, aby zminimalizować różnice w czasie reakcji między dołkami.

7- Inkubować w temperaturze pokojowej przez piętnaście (15) minut.

8- Dodać 0,05 ml (50 µl) roztworu zatrzymującego do każdego dołka i delikatnie mieszać przez (15-20 sekund) zawsze dodawany odczynnik w tym samym celu, aby zminimalizować różnice w czasie reakcji między dołkami.

9- Chłonność została odczytana w każdym dołku przy długości fali 450 nm (wykorzystując referencyjną długość fali 620- 630 nm w celu zminimalizowania niedoskonałości dołka) w czytniku mikropłytek. Wyniki zostały odczytane w ciągu trzydziestu (30) minut od dodania roztworu zatrzymującego.

Obliczanie wyniku FSH:

Do określenia stężenia hormonu luteinizującego (FSH) w nieznanych próbkach stosowana jest krzywa odpowiedzi w postaci dawki.

1- Absorpcja uzyskana z wydruku czytnika mikropłytek, jak przedstawiono w przykładzie 2 w załącznikach na stronie (118).

2- Absorbancja dla każdej surowicy wzorcowej Wykreślona w stosunku do odpowiadającego jej stężenia FSH w mlU/ml na papierze do wykresów liniowych.

3- Narysowana została najlepiej dopasowana krzywa przez wykreślone punkty.

4- Aby określić stężenie FSH dla nieznanego, zlokalizować absorbancję dla każdego nieznanego na osi pionowej wykresu, znaleźć punkt przecięcia na krzywej i odczytać stężenie (w mlU/ml) z osi poziomej wykresu). W poniższym przykładzie, średnia absorbancja (1,214) przecina krzywą odpowiedzi na dawkę przy stężeniu 43,2 mlU/ml (patrz rysunek 2 w dodatkach na stronie (118)).

3.4.4 Oszacowanie zasady prolaktyny Zasada prolaktyny

Podstawowy test ilościowy opiera się na badaniu immunosorbentów w fazie stałej (ELISA). Układ badawczy wykorzystuje przeciwciało monoklonalne myszy - przeciwciało prolaktyny do unieruchamiania fazy stałej (dołki mikromiareczkowe) oraz inne przeciwciało monoklonalne myszy - przeciwciało prolaktyny w roztworze koniugatu przeciwciała - enzymu (peroksydazy chrzanu). Badana próbka może reagować równocześnie z przeciwciałami, w wyniku czego cząsteczki prolaktyny są wrzucane między stałe przeciwciała. Po 45-minutowej inkubacji w temperaturze pokojowej, studnie są płukane wodą w celu usunięcia niezwiązanych - oznakowanych przeciwciał. Roztwór odczynnika TMB jest dodawany i inkubowany w temperaturze pokojowej przez 20 minut, co powoduje powstanie niebieskiego koloru. Rozwój koloru zatrzymuje się po dodaniu roztworu zatrzymującego, a kolor zmienia się na żółty i mierzy się go metodą spekrofotometryczną przy 450 nm. Stężenie prolaktyny jest wprost proporcjonalne do intensywności barwy badanej próbki.

Odczynnik prolaktyny

A. Pokryta przeciwciałami płytka mikromiareczkowa z 96 dołkami.

B. Odczynnik Conjugate Enzyme 13 ml.

C. Normy referencyjne prolaktyny, zawierające 0, 5, 15, 50, 100 i 200 ng/ml (WHO, 1st IRP 75/504), liofilizowane.

D. Odczynnik TMB (jednokrotny), 11ml.

E. Roztwór zatrzymujący (1N HCL), 11ml.

Przygotowanie odczynnika

1- Wszystkie odczynniki powinny osiągać temperaturę pokojową (18-25 °C).

przed użyciem.

2- Każdą liofilizowaną normę odtworzyć z 1,0 ml wody destylowanej. Odczekać co najmniej 20 minut i delikatnie wymieszać odtworzony materiał.

Odtworzone wzorce będą stabilne do 30 dni, jeśli będą przechowywane w zamkniętym pomieszczeniu w temperaturze 2-8°C.

Procedura testowa dla prolaktyny

1- Zabezpieczyć w uchwycie żądaną ilość dobrze pokrytej powłoki.

2- Dozowano 100 μl wzorców, próbki i kontroli do odpowiednich studzienek. 3- Dozowane 100 μl odczynnika koniugatowego enzymu do każdego dołka.

4- Dokładnie wymieszać przez 30 sekund. To bardzo ważne, aby je całkowicie wymieszać.

5- Inkubować w temperaturze pokojowej (18- 25°C) z wytrząsaniem przy 175 obr/min, przez 120 minut.

6- Usunięto mieszaninę inkubacyjną, przesuwając zawartość płytek do pojemnika na odpady

7- Wypłukać i pięciokrotnie wstrząsnąć mikrotitrami wody destylowanej lub dejonizowanej.

8- Nacisnąć ostro studnie na chłonne ręczniki papierowe, aby usunąć wszystkie resztki wody.

9- Dozować 100 µl odczynnika TMB do każdego dołka. Był delikatnie mieszany przez 10 sekund.

10- Inkubować w temperaturze pokojowej przez 20 minut.

11- Zatrzymać reakcję, dodając do każdego dołka 100 µl roztworu zatrzymującego.

12- Delikatnie mieszać przez 30 sekund. Ważne jest, aby upewnić się, że cały kolor niebieski zmieni się całkowicie na żółty.

13- Odczytać absorbancję (gęstość optyczną) przy 450 nm za pomocą czytnika studni mikromiarowych w ciągu 15 minut.

Obliczanie wyniku

1- Średnie wartości absorbancji (A 450) zostały obliczone dla każdego zestawu norm referencyjnych, kobiet płodnych i niepłodnych w surowicy.

2- Skonstruowano krzywą wzorcową, wykreślając średnią absorbancję otrzymaną z każdego wzorca odniesienia w odniesieniu do jego stężenia w ng/ml na papierze z wykresem liniowym, z wartościami absorbancji w osi pionowej lub osi Y oraz stężenia w osi poziomej lub X.

3- Wykorzystując średnią wartość absorbancji dla każdej próbki, na podstawie krzywej wzorcowej wyznaczono odpowiednie stężenie prolaktyny w ng/ml. Analiza statystyczna została przeprowadzona przez program Minitab ver11; wyniki zostały wyrażone jako średnia, SD i Chi kwadrat T-test. Wartość ($p < 0,05$ i $p < 0,01$) została uznana za statystycznie istotną.

Analiza statyczna

Analiza statystyczna została przeprowadzona przez Minitab ver. 11, Chi square i T- test; wyniki zostały wyrażone jako średnia i SD. Wartość P mniejszą niż 0,05 uznano za statystycznie istotną.

ROZDZIAŁ CZWARTY: WYNIKI

4.1 Wiek:

Rozkład bezpłodnych kobiet w zależności od wieku (średnia ± SD w całym wieku = 26,69 ± 3,002), gdzie pięćdziesiąt procent mniej niż 25 lat (średnia ± SD = 20,8)

± 2,57 między 15 a 25 rokiem życia) i pięćdziesiąt procent ponad 25 lat (średnia ± SD =

29,5 ± 2,85 pomiędzy 25-35 rokiem życia) dla kobiet niepłodnych, podczas gdy kobiety płodne (średnia ± SD = 26,1 ± 2,73), gdzie pięćdziesiąt procent mniej niż 25 lat (średnia ± SD = 21,7 ± 1,53 pomiędzy 15-25 rokiem życia) i pięćdziesiąt procent więcej niż 25 lat (średnia ± SD = 29,9 ± 2,28 pomiędzy 25-35 rokiem życia) . Według płci wszystkie próbki zostały pobrane od kobiet w każdym wieku od 15 do 40 lat, zarówno od kobiet płodnych jak i niepłodnych.

4.2 Oszacowanie działalności P (pozakomórkowych regulowanych kinaz1/2):

4.2.1 Oszacowanie aktywności surowicy P (ERK1/2) u kobiet płodnych i niepłodnych.

Aktywność surowicy p (ERK1/2) u kobiet płodnych (8,07 ± 1,28) ng/ml jest wyższa niż u kobiet niepłodnych (5,23 ± 1,76) ng/ml tabela (4,1), co oznacza, że aktywność surowicy p (ERK1/2) zmniejszyła się u kobiet niepłodnych. Stwierdzono istotne zmniejszenie ($p < 0,05$) aktywności p (ERK1/2) w surowicy krwi u kobiet niepłodnych (5,23 ± 1,76) w porównaniu z kobietami płodnymi (8,07 ± 1,28).

Tabela (4.1): Aktywność surowicy p (ERK1 / 2) między kobietami niepłodnymi i płodnymi oraz jej korelacja z wiekiem.

Wiek (Y)	Kobiety płodne		Niepłodne kobiety		Wartość P
	Nie	Poziom surowicy ng/ml	Nie	Poziom surowicy ng/ml	
< 25	11	8.417 ± 2.682	13	5.453 ± 1.458	
> 25	10	7.611 ± 2.33	12	4.75 ± 1.644	
Razem	21	8.07 ± 1.28	25	5.23 ± 1.76	< 0.05

Aktywność p (ERK1/2) u kobiet płodnych w surowicy krwi < 25 lat (8.417 > 2.682) ng/ml jest wyższa niż u kobiet płodnych w surowicy krwi > 25 lat (7.611 > 2.33), jak pokazano w tabeli (4.1). Stwierdzono istotne obniżenie (P < 0,05) aktywności p (ERK1/2) u kobiet płodnych w surowicy krwi z podwyższonym wiekiem. Również aktywność p (ERK1/2) u kobiet niepłodnych w surowicy krwi < 25 lat (5,453 ± 1,458) ng/ml jest wyższa niż w tabeli (4.1) u kobiet niepłodnych w surowicy krwi > 25 lat (4,75 ± 1,644). Stwierdzono istotne zmniejszenie (P < 0,05) aktywności p (ERK1/2) u niepłodnych kobiet w surowicy krwi z podwyższonym wiekiem.

4.2.2 Aktywność układu moczowego p (ERK1/2) u kobiet płodnych i niepłodnych.

Aktywność p (ERK1/2) moczu u kobiet płodnych (6,46±1,33) ng/ml jest wyższa niż u kobiet niepłodnych (4,28 ± 1,44) ng/ml tabela (4,2), co oznacza spadek aktywności P (ERK1/2) w moczu u kobiet niepłodnych. Stwierdzono istotne zmniejszenie aktywności P (ERK1/2) u niepłodnych kobiet moczu (4,28 ± 1,44) w porównaniu z płodnymi kobietami (6,46 ± 1,33) (P < 0,05).

Tabela (4.2): Aktywność moczu p (ERK1 / 2) u kobiet płodnych i niepłodnych oraz jej korelacja z wiekiem.

Wiek	Kobiety płodne		Niepłodne kobiety		Wartość P
	Nie	Poziom moczu ng/ml	Nie	Poziom moczu ng/ml	
< 25 y	11	7.175 ± 2.709	13	4.324 ± 1.798	
>25 y	10	5.5 > 1.93^{n}	12	4.187 ± 1.562	
Razem	21	6.46 ± 1.33	25	4.28 ± 1.44	< 0.05

Aktywność p (ERK1/2) u kobiet płodnych moczem w wieku < 25 lat (7.175 > 2.709) ng/ml jest wyższa niż aktywność P (ERK1/2) u kobiet płodnych moczem w wieku > 25 lat (5.5 > 1.93), jak pokazano w tabeli (4.5), co oznacza spadek aktywności P (ERK1/2) u kobiet płodnych moczem w wieku > 25 lat (5.5 ± 1.93) w porównaniu z aktywnością P (ERK1/2) u kobiet płodnych moczem w wieku < 25 lat (7.175 > 2.709). Stwierdzono istotne obniżenie (P < 0,05) aktywności p (ERK1/2) u kobiet płodnych moczem z wiekiem wzrastającym. Również aktywność p (ERK1/2) u niepłodnych kobiet moczu w wieku < 25 lat (4,324 > 1,798) ng/ml jest wyższa niż u niepłodnych kobiet moczu w wieku >25 lat (4,187 ± 1,562) tabela (4.5) średnia aktywność p (ERK1/2) u kobiet niepłodnych moczem > 25 lat (4,187 > 1,562) zmniejsza się u kobiet niepłodnych w porównaniu z kobietami niepłodnymi moczem < 25 lat (4,324 ± 1,798). Stwierdzono istotne zmniejszenie (P < 0,05) aktywności p (ERK1/2) u kobiet niepłodnych moczem z wiekiem wzrastającym.

4.2.3 Porównanie aktywności surowicy i moczu p (ERK1/2) u kobiet płodnych i niepłodnych.

Wartość (Średnia ± SD) p (ERK1/2) kobiet płodnych w surowicy (8,07 ± 1,28) jest wyższa niż (Średnia ± SD) p (ERK1/2) moczu (6,46 ± 1,33), co oznacza, że aktywność p (ERK1/2) w surowicy była wyższa niż aktywność w moczu, a więc u kobiet niepłodnych, a więc występuje istotna zmiana wartości pomiędzy surowicą a moczem zarówno u kobiet niepłodnych, jak i płodnych. Zatrzymano związek między wartością surowicy i moczu, a tym samym aktywnością.

Tabela (4.3): Porównanie aktywności surowicy i moczu w p (ERK1/2)

Sprawa	NIE.	Serum ng/ml	Mocz ng/ml
Kobiety płodne	21	8.07 ± 1.28	6.46 ± 1.33
Niepłodne kobiety	25	5.23 ± 1.76	4.28 ± 1.44
Wartość P	P	< 0.05	< 0.05

4.3 Determinacja hormonów:

4.3.1 Oznaczanie surowicy FSH, LH i prolaktyny

Wartości FSH u kobiet płodnych w surowicy (9,06 ± 205) ng/ml są wyższe od wartości podanych w tabeli (4,4) w tabeli (7,27 ± 1,35), co oznacza, że średnie wartości FSH u kobiet płodnych w surowicy zwiększają się w porównaniu z wartościami FSH u kobiet niepłodnych. U kobiet niepłodnych w surowicy stwierdzono istotne obniżenie (P < 0,05) wartości FSH.

Wartość LH u kobiet płodnych w surowicy (10,15 ± 2,01) ng/ml jest wyższa od wartości podanych w tabeli (4,4) w tabeli (8,05 ± 1,18), co oznacza, że wartość LH u kobiet niepłodnych zmniejsza się w porównaniu z kobietami płodnymi w surowicy. Stwierdzono istotne obniżenie wartości LH u kobiet niepłodnych w surowicy (P < 0,05).

Wartość prolaktyny u kobiet płodnych w surowicy (9,46 ± 2,20) ng/ml jest mniejsza niż w tabeli (4,4), co oznacza wzrost wartości prolaktyny u kobiet niepłodnych w surowicy (13,55 ± 1,623) w porównaniu z kobietami płodnymi w surowicy. Stwierdzono istotny wzrost wartości prolaktyny u kobiet niepłodnych w surowicy (P < 0,05).

Tabela (4.4): Oszacowanie hormonów u płodnych i niepłodnych kobiet

Sprawa	**NIE.**	**FSH ng/ml**	**LH ng/ml**	**Prolaktyna ng/ml**
Kobiety płodne	21	9.06 ± 2.50	10.15 ± 2.01	9.46 ± 2.20
Niepłodne kobiety	24	7.27 ± 1.35	8.05 ± 1.18	13.55 ± 1.62
Wartość P	**< 0.05**			

4.3.2 Hormon stymulujący wzrost pęcherzyków (FSH) z wiekiem:

Stymulacja pęcherzykowa (Follicular Stimulation Hormone - FSH) w surowicy kobiet płodnych w wieku < 25 lat (10.2 > 2.10) ng/ml jest wyższa niż w przypadku kobiet płodnych w wieku > 25 lat (8.03 ± 1.52) Tabela (4.5). Stwierdzono istotne obniżenie wartości FSH u kobiet płodnych w surowicy z wiekiem wzrostu (P < 0,05). Również wartość FSH w surowicy niepłodnych kobiet < 25 lat (7,50 > 1,08) ng/ml jest wyższa niż w surowicy niepłodnych kobiet >25 lat (6,74 > 1,15) tabela (4,5). Stwierdzono istotne obniżenie wartości FSH u niepłodnych kobiet w surowicy o zwiększonym wieku (P < 0,05).

Tabela (4.5): Oszacowanie FSH w korelacji z wiekiem

Wiek	Kobiety płodne FSH	Niepłodne kobiety FSH
< 25 lat	10.2 ± 2.10	7.50 ± 1.08
> 25 lat	8.03 ± 1.52	6.74 ± 1.15
Wartość P	< 0.05	

4.3.3 Hormon luteinizujący z wiekiem:

Hormon luteinizujący (LH) w surowicy krwi kobiet < 25 lat (11.89 > 2.52) ng/ml jest wyższy niż w przypadku kobiet >25 lat (7.87 > 1.23) tabela (4.6). Stwierdzono istotne obniżenie wartości LH u kobiet płodnych w surowicy z wiekiem wzrostu (P < 0,05). Również wartość LH u kobiet niepłodnych w surowicy krwi < 25 lat (9,85 ± 1,52°) ng/ml jest wyższa niż u kobiet niepłodnych w surowicy krwi > 25 lat (6,23 > 1,13) tabela (4,6). Stwierdzono istotne obniżenie wartości LH u niepłodnych kobiet w surowicy o podwyższonym wieku (P < 0,05).

Tabela (4.6): Oszacowanie LH w korelacji z wiekiem

Wiek	Kobiety płodne	Niepłodne kobiety
< 25 lat	11.89 ± 2.52	9.85 ± 1.52
> 25 lat	7.87 ± 1.23	6.23 ± 1.13
Wartość P	< 0.05	

4.3.4 Prolaktyna z wiekiem

Prolaktyna u kobiet płodnych w surowicy krwi < 25 lat (9,24 > 2,15) ng/ml jest niższa niż w tabeli (4,7) u kobiet płodnych w surowicy krwi > 25 lat (9,68 ± 2,56). Stwierdzono istotny wzrost wartości prolaktyny u kobiet płodnych w surowicy o zwiększonym wieku (P < 0,05). Również wartość prolaktyny w surowicy niepłodnych kobiet < 25 lat (12,39 ± 1,58) ng/ml jest wyższa od wartości w tabeli (4,9) w surowicy niepłodnych kobiet >25 lat (14,13 ± 1,92), u których stwierdzono wzrost wartości prolaktyny w surowicy niepłodnych kobiet w podwyższonym wieku (nieistotny).

Tabela (4.7): Oszacowanie zawartości prolaktyny z wiekiem

Wiek	Kobiety płodne	Niepłodne kobiety
< 25 lat	9.24 ± 2.15	12.39 ± 1.58
> 25 lat	9.68 ± 2.56	14.13 ± 1.92

4.4 Korelacje:

4.4.1 Korelacja między parametrami dla kobiet płodnych [C]

4.4.1.1 Korelacja między C. U.pERK1/2 i C.S.pERK1/2.

Wartości moczu płodnych kobiet pERK1/2(C.U.pERK1/2) zostały zwiększone, a wartości surowicy płodnych kobiet pERK1/2(C.S.pERK1/2) zwiększone, co oznacza, że korelacja pomiędzy C.U.pERK1/2 a C.S.pERK1/2 jest zwiększona w dodatniej (0,532) tabeli (4,8). Wystąpiły znaczne wzrosty pomiędzy C. U.pERK1/2 i C.S.pERK1/2 wzrosły dodatnio u kobiet płodnych (P < 0,05) rysunek (4,10).

4.4.1.2 Korelacja między C. U.pERK1/2 i C.S.FSH

Zwiększono wartości pERK1/2 (C. U.pERK1/2) dla płodnych kobiet w moczu oraz zwiększono wartości FSH (C.S.FSH) w surowicy płodnych kobiet, co oznacza, że korelacja pomiędzy C.U.pERK1/2 i (C.S.FSH) jest dodatnia (0,353) w tabeli (4,8). Wystąpiły znaczne wzrosty pomiędzy C. U.pERK1/2 i (C.S.FSH) wzrósł dodatnio (P < 0,05) rysunek (4,11).

4.4.1.3 Korelacja między C. U.pERK1/2 i C.S.LH

Zwiększono wartości pERK1/2 (C.U.pERK1/2) dla płodnych kobiet moczu oraz zwiększono wartości LH (C.S.LH) w surowicy płodnych kobiet, co oznacza, że korelacja pomiędzy C.U.pERK1/2 i (C.S.LH) jest dodatnia (0,560) w tabeli (4,8). Wystąpiły znaczne wzrosty pomiędzy C. U.pERK1/2 i (C.S.LH) wzrosły dodatnio (P < 0,05) rysunek (4,12).

4.4.1.4 Korelacja między C. U.pERK1/2 i C.S.Prolaktyna.

Wartości pERK1/2 (C.U.pERK1/2) u kobiet płodnych w moczu zostały zwiększone, a wartości Prolaktyny (C.S.Prolactin) w surowicy płodnych kobiet zostały zwiększone, co oznacza, że korelacja pomiędzy C.U.pERK1/2 i (C.S.Prolactin) wzrosła w dodatniej (0,090) tabeli (4,8), (P < 0,05) rycinie (4,13).

4.4.1.5 Korelacja między C. S.pERK1/2 i C.S.FSH

Wartości surowicy płodnych kobiet pERK1/2(C. S.pERK1/2) zostały zwiększone, a wartości surowicy płodnych kobiet FSH (C.S.FSH) zwiększone, co oznacza, że korelacja pomiędzy C.S.pERK1/2 i (C.S.FSH) jest dodatnia (0,651) w tabeli (4,8). Pomiędzy C. S.pERK1/2 a (C.S.FSH) nastąpił znaczny wzrost liczby dodatniej (P <0,05) (4,14).

4.4.1.6 Korelacja między C. S.pERK1/2 i C.S.LH

Wartości surowicy płodnych kobiet pERK1/2 (C.S.pERK1/2) zostały zwiększone, a wartości surowicy płodnych kobiet LH (C.S.LH) zwiększone, co oznacza, że korelacja pomiędzy C.S.pERK1/2 i (C.S.LH) jest dodatnia (0,545) w tabeli (4,8). Pomiędzy C. S.pERK1/2 a (C.S.LH) nastąpił znaczący wzrost wartości dodatnich (P < 0,05) (4,15).

4.4.1.7 Korelacja między C. S.pERK1/2 a C.S.Prolaktyną

Wartości surowicy płodnych kobiet pERK1/2(C.S.pERK1/2) zostały zwiększone, a wartości prolaktyny (C.S.Prolaktyna) w surowicy płodnych kobiet zwiększone, co oznacza, że korelacja pomiędzy C.S.pERK1/2 i (C.S.Prolaktyna) wzrosła w dodatniej (0,317) (P < 0,05) tabeli (4,8) (4,16).

4.4.1.8 Korelacja między C.S.FSH i C.S.LH.

Wartości surowicy płodnych kobiet FSH (C.S.FSH) zostały zwiększone, a wartości surowicy płodnych kobiet LH (C.S.LH) zwiększone, co oznacza, że korelacja pomiędzy (C.S.FSH) i (C.S.LH) jest zwiększona w dodatniej (0,651) tabeli (4,8).

4.4.1.9 Korelacja między C.S.FSH i C.S.Prolactin.

Wartości FSH (C.S.FSH) w surowicy płodnych kobiet zostały zwiększone, a wartości prolaktyny (C.S.Prolaktyna) w surowicy płodnych kobiet zostały zwiększone, co oznacza, że korelacja pomiędzy (C.S.FSH) i (C.S.Prolaktyna) jest dodatnia (0,293) w tabeli (4,8).

4.4.1.10 Korelacja między C. S.LH i C.S.Prolaktyną.

Wartości LH (C.S.LH) w surowicy płodnych kobiet zostały zwiększone, a wartości prolaktyny (C.S.Prolaktyna) w surowicy płodnych kobiet zostały zwiększone, co oznacza, że korelacja pomiędzy (C.S.LH) i (C.S.Prolaktyna) jest zwiększona w dodatniej (0,325) tabeli (4,8).

Tabela (4.8): Korelacja pomiędzy parametrami dla kobiet płodnych [C]

Parametry	C. U.pERK1	C. S.pERK1/2	C.S.FSH	C. S.LH
C. S.pERK1/2	r = 0.532			
C.S.FSH	r = 0.352	r = 0.651		
C. S.LH	r = 0.560	r = 0.545	r = 0.651	
C. S.Prolaktyna	r = 0.090	r = 0.317	r = 0.293	r = 0.325

4.4.2 Korelacje między parametrami dla kobiet niepłodnych [P]

4.4.2.1 Korelacja pomiędzy P. U.pERK1/2 i P.S.pERK1/2.

Wartości P.U.pERK1/2(P.U.pERK1/2) u niepłodnych kobiet moczu zostały obniżone, a wartości P.U.pERK1/2(P.S.pERK1/2) w surowicy niepłodnych kobiet zostały obniżone, co oznacza, że korelacja pomiędzy P.U.pERK1/2 i P.S.pERK1/2 jest zwiększona w dodatniej (0,315) tabeli (4,9). Pomiędzy P. U.pERK1/2 a P.S.pERK1/2 nastąpił znaczny wzrost wartości dodatnich u kobiet niepłodnych (P < 0,05) (4,1).

4.4.2.2 Korelacja między P. U.pERK1/2 a P.S.FSH

Wartości P.U.pERK1/2 (P.U.pERK1/2) u niepłodnych kobiet moczu zostały obniżone, a wartości P.S.FSH (P.S.FSH) w surowicy niepłodnych kobiet zostały obniżone, co oznacza, że korelacja pomiędzy P.U.pERK1/2 i (P.S.FSH) jest zwiększona w dodatniej (0,353) tabeli (4,9). U kobiet niepłodnych (P < 0,05) odnotowano istotne wzrosty pomiędzy P. U.pERK1/2 a (P.S.FSH), przy czym u kobiet niepłodnych (P < 0,05) odnotowano wzrosty dodatnie (4,2).

4.4.2.3 Korelacja między P. U.pERK1/2 a P.S.LH

Wartości P.U.pERK1/2 (P.U.pERK1/2) u niepłodnych kobiet moczu zostały obniżone, a wartości P.S.LH (P.S.LH) w surowicy niepłodnych kobiet zostały obniżone, co oznacza, że korelacja pomiędzy P.U.pERK1/2 i (P.S.LH) jest zwiększona w dodatniej (0,067) tabeli (4,9). U kobiet niepłodnych (P < 0,05), rycina (4,3), u których zaobserwowano istotne wzrosty pomiędzy P. U.pERK1/2 a (P.S.LH) dodatnie.

4.4.2.4 Korelacja między P. U.pERK1/2 a P.S.Prolaktyną

Wartości P.U.PERK1/2(P.U.pERK1/2) u niepłodnych kobiet w moczu zostały obniżone, a wartości Prolaktyny (P.S.Prolaktyna) w surowicy niepłodnych kobiet zostały podwyższone, co oznacza, że korelacja pomiędzy P.U.pERK1/2 i (P.S.Prolaktyna) jest odwrotna (-0,346) tabela (4,9),

4.4.2.5 Korelacja między P.S.pERK1/2 a P.S.FSH

Wartości surowicy niepłodnych kobiet pERK1/2(P.S.pERK1/2) u kobiet niepłodnych uległy zmniejszeniu, a wartości surowicy niepłodnych kobiet FSH (P.S.FSH) u kobiet niepłodnych uległy zmniejszeniu, co oznacza, że korelacja pomiędzy P.S.pERK1/2 i (P.S.FSH) jest zwiększona w dodatniej (0,585) tabeli (4,90). U kobiet niepłodnych (P < 0,05), rycina (4,4), u których zaobserwowano istotne wzrosty pomiędzy P. S.pERK1/2 a (P.S.FSH), dodatnie.

4.4.2.6 Korelacja między P. S.pERK1/2 a P.S.LH

Wartości P.S.pERK1/2 (P.S.pERK1/2) w surowicy kobiet niepłodnych uległy zmniejszeniu, a wartości P.S.LH (P.S.LH) w surowicy kobiet niepłodnych uległy zmniejszeniu, co oznacza, że korelacja pomiędzy P.S.pERK1/2 a (P.S.LH) zwiększa się w dodatniej (0,158) tabeli (4,9). U kobiet niepłodnych (P < 0,05) zaobserwowano istotne wzrosty pomiędzy P. S.pERK1/2 a (P.S.LH) u kobiet niepłodnych (P < 0,05) Rysunek (4,5).

4.4.2.7 Korelacja między P. S.pERK1/2 a P.S.Prolaktyną

Wartości P.S.pERK1/2 (P.S.pERK1/2) w surowicy niepłodnych kobiet zostały obniżone, a wartości Prolaktyny (P.S.Prolaktyna) w surowicy niepłodnych kobiet zostały podwyższone, co oznacza, że korelacja pomiędzy P.S.pERK1/2 a (P.S.Prolaktyna) jest odwrotna (-0,377) Tabela (4,9), rysunek (4,6)

4.4.2.8 Korelacja pomiędzy P.S.FSH i P.S.LH.

Wartości FSH (P.S.FSH) w surowicy niepłodnych kobiet zostały obniżone, a wartości LH (P.S.LH) w surowicy niepłodnych kobiet zostały zwiększone, co oznacza, że korelacja pomiędzy (P.S.FSH) i (P.S.LH) jest zwiększona w dodatniej (0,399) tabeli (4,9). rycina (4,7).

4.4.2.9 Korelacja pomiędzy P.S.FSH a P.S.Prolaktyną.

Wartości FSH (P.S.FSH) w surowicy niepłodnych kobiet zostały obniżone, a wartości Prolaktyny (P.S.Prolaktyna) w surowicy niepłodnych kobiet zostały podwyższone, co oznacza, że korelacja pomiędzy (P.S.FSH) i (P.S.Prolaktyna) jest odwrotna (-0,088) Tabela (4,9), rysunek (4,8)

4.4.2.10 Korelacja pomiędzy P.S.LH a P.S.Prolaktyną.

Wartości LH (P.S.LH) w surowicy niepłodnych kobiet zostały obniżone, a wartości Prolaktyny (P.S.Prolaktyna) w surowicy niepłodnych kobiet zostały podwyższone, co oznacza, że korelacja pomiędzy (P.S.LH) i (P.S.Prolaktyna) jest odwrotna (-0,120) tabela (4,9). Rysunek (4.9)

Tabela (4.9): korelacja pomiędzy parametrami dla kobiet niepłodnych [P].

Parametry	P. U.pERK1/2	P. S.pERK1/2	P.S.FSH	P. S.LH
P. S.pERK1/2	r = 0.315			
P.S.FSH	r = 0.353	r = 0.585		
P. S.LH	r = 0.067	r = 0.158	r = 0.399	
P. S.Prolaktyna	r = -0.346	r = -0.377	r = -0.088	r = -0.120

4.5 Analiza statystyczna

Dane przedstawiane są jako średnie ± SD. Skutki wieku, korelacje. Interakcja ta była statystycznie istotna (p < 0,05). Oznacza to, że wpływ wieku jest różny w różnych punktach czasowych. Analiza statystyczna została przeprowadzona przez program Minitab ver11; wyniki zostały wyrażone jako średnia, SD i Chi kwadrat T-test. Wartość (p < 0,05 i p < 0,01) została uznana za statystycznie istotną.

4.6 Korelacja bezpłodnych kobiet [P].

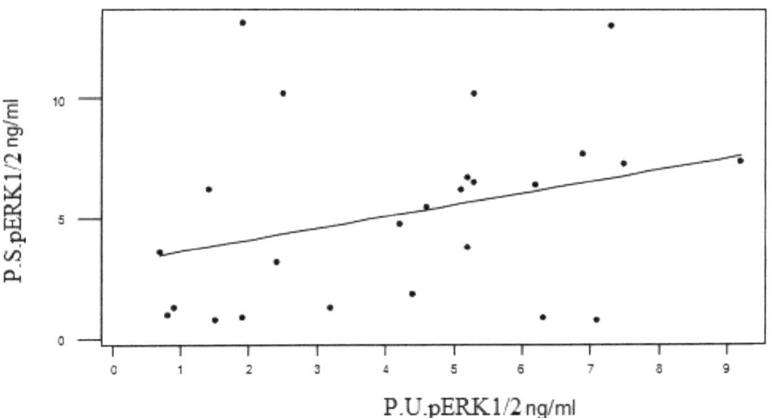

Rysunek (4.1.1): Korelacja pomiędzy surowicą a moczem enzymu ERK1/2

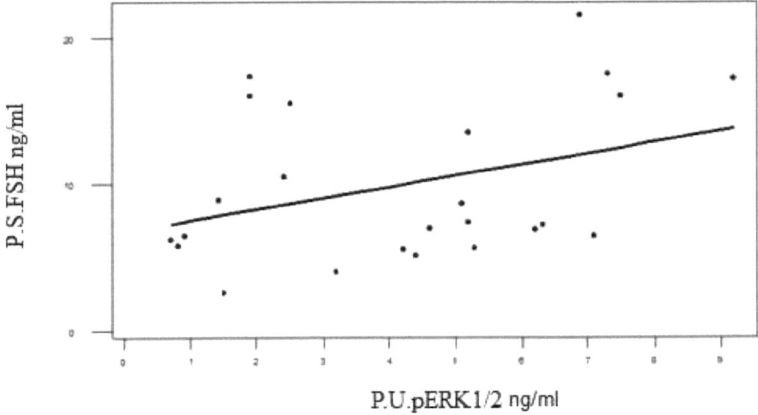

Rysunek (4.1.2): Korelacje między P. U.pERK1/2 i P.S.FSH

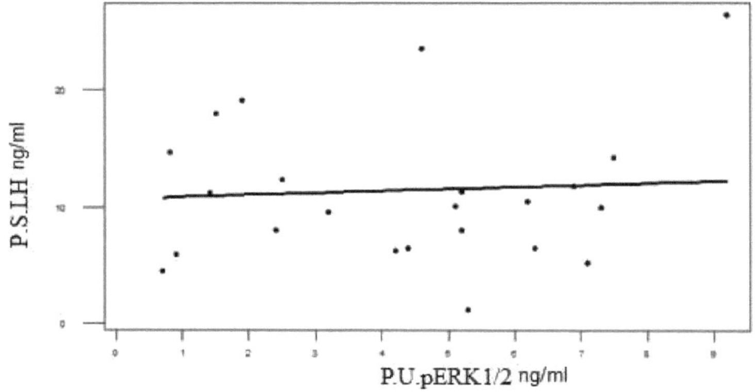

Rysunek (4.1.3) Korelacje między P. U.pERK1/2 i P.S.LH

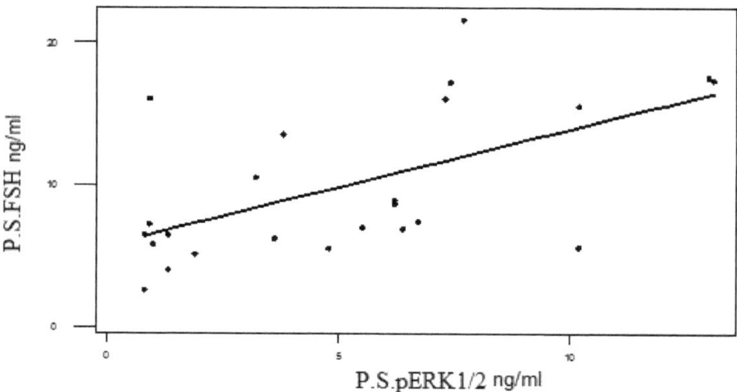

Rysunek (4.1.4): Korelacje między P. S.pERK1/2 i P.S.FSH

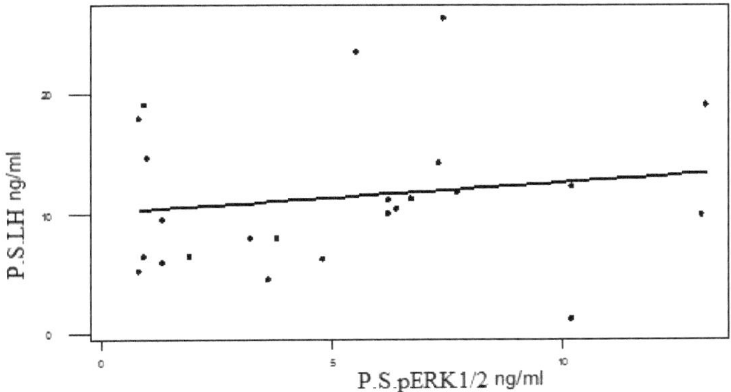

Rysunek (4.1.5): Korelacje między P. S.pERK1/2 i P.S.LH

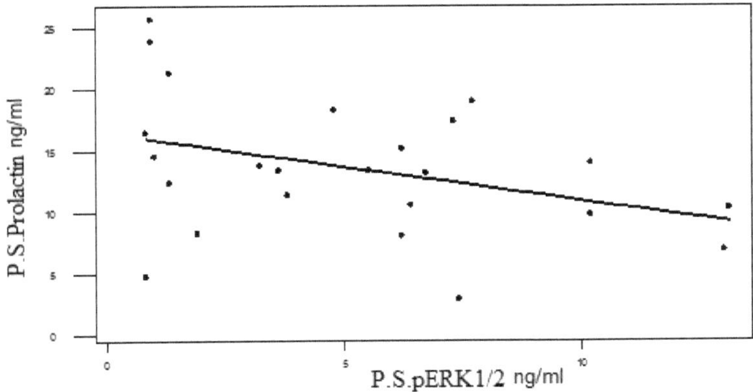

Rysunek (4.1.6): Korelacje między P. S.pERK1/2 a P.S.Prolaktyną

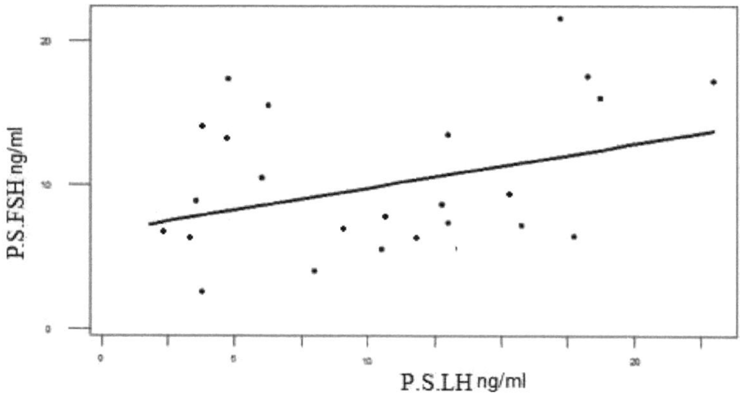

Rysunek (4.1.7): Korelacje między P.S.FSH i P.S.LH

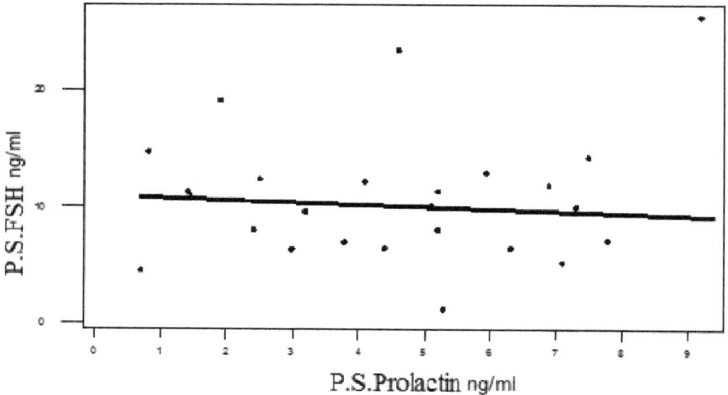

Rysunek (4.1.8): Korelacje między P.S.FSH a P.S.Prolaktyną

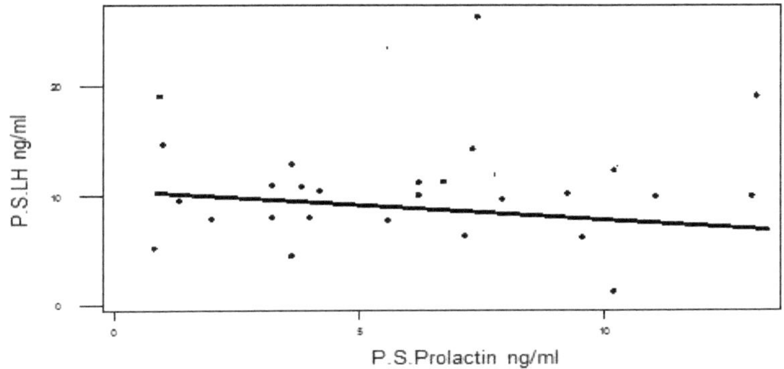

Rysunek (4.1.9): Korelacje między P. S.LH i P.S.Prolaktyną

4.7 Korelacje płodnych kobiet [C].

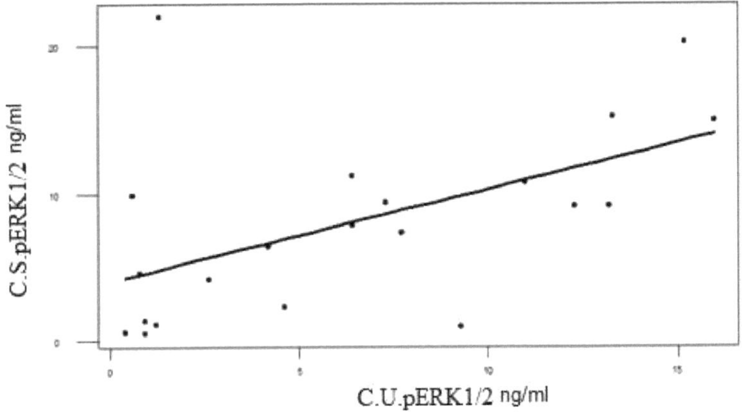

Rysunek (4.2.10): Korelacja pomiędzy C. U.pERK1/2 i C.S.pERK1/2

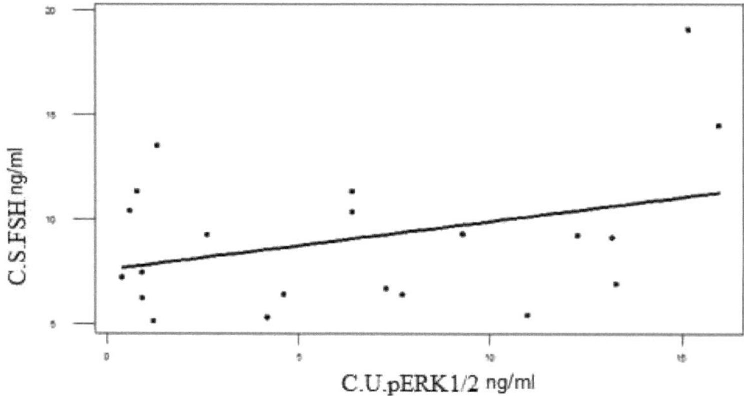

Rysunek (4.2.11): Korelacje między C. U.pERK1/2 i C.S.FSH

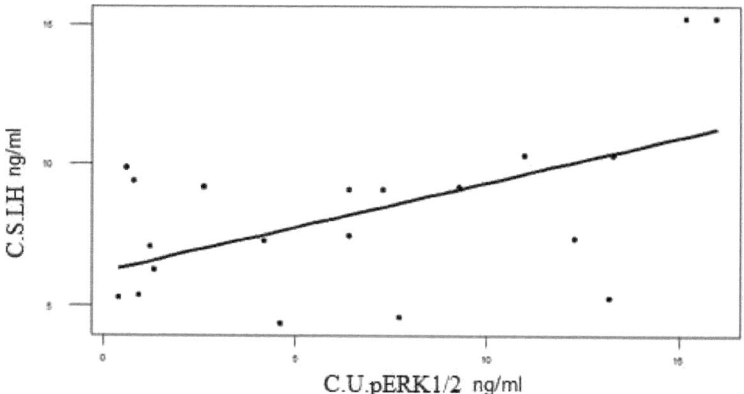

Rysunek (4.2.12): Korelacje między C. U.pERK1/2 i C.S.LH

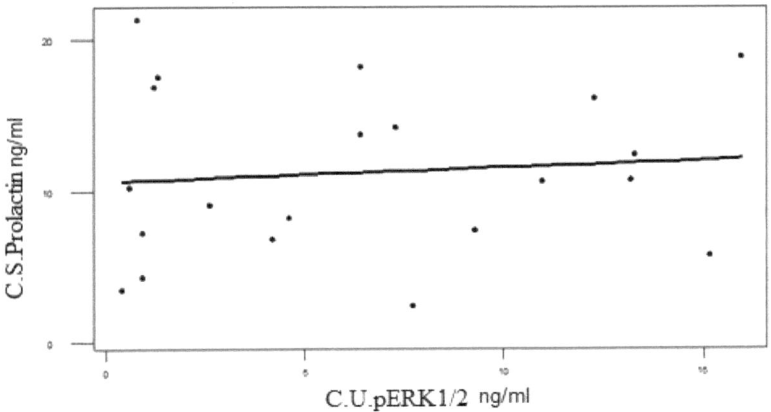

Rysunek (4.2.13): Korelacje między C. U.pERK1/2 i C.S.Prolaktyna

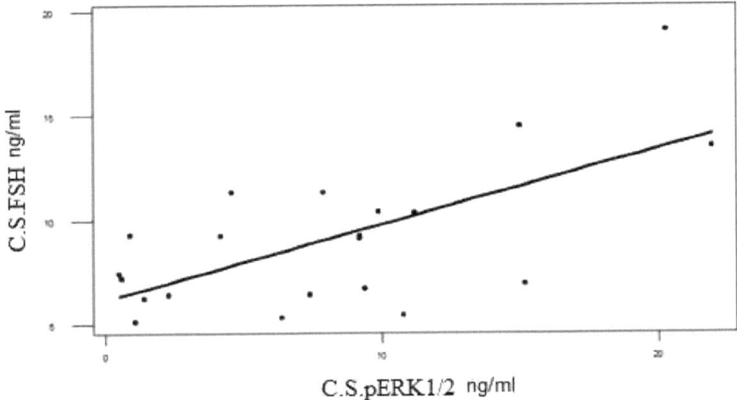

Rysunek (4.2.14): Korelacje między C. S.pERK1/2 i C.S.FSH

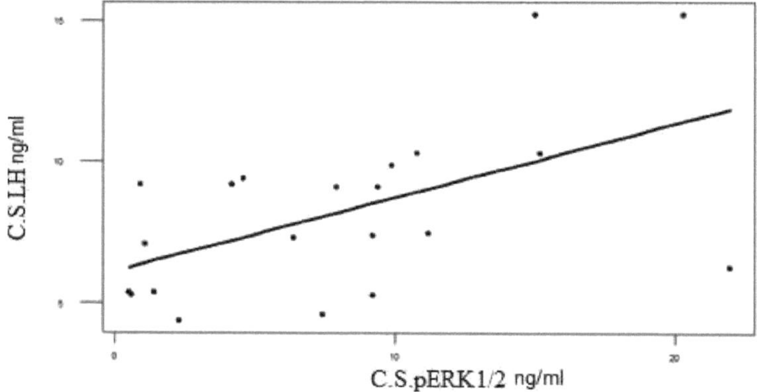

Rysunek (4.2.15): Korelacje między C. S.pERK1/2 i C.S.LH

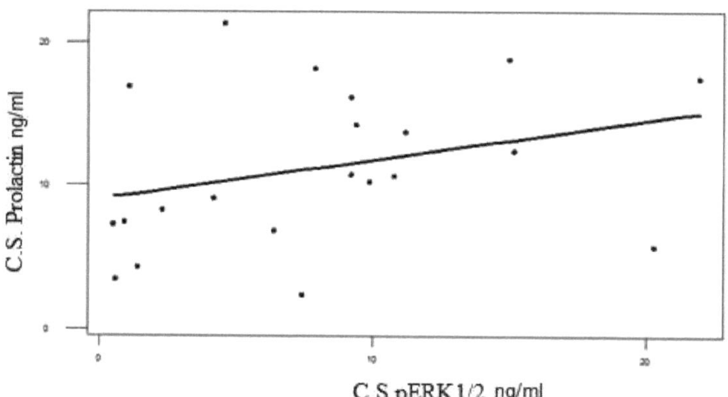

Rysunek (4.2.16): Korelacje między C. S.pERK1/2 i C.S.Prolaktyną

ROZDZIAŁ PIĄTY: DYSKUSJA

Dyskusja

Celem i zadaniem niniejszej pracy jest dostarczenie wskazówek do opracowania nowych metod diagnostycznych niepłodności i zrozumienia niepłodności i innych parametrów u niektórych kobiet z nieregularnymi cyklami miesiączkowymi oraz u kobiet w starszym wieku w celu określenia wpływu poziomu p (ERK1/2) w surowicy krwi kobiet niepłodnych.

Badania wykazały, że sygnalizacja ERK była wymagana u samic do owulacji i płodności, podczas gdy funkcja rozrodcza samców jest niewrażliwa na ten niedobór sygnałów. Wpływ ablacji szlaku ERK na biosyntezę LH leży u podstaw tego specyficznego dla płci fenotypu, a zależna od ERK regulacja w górę czynnika transkrypcyjnego Egr1 była konieczna dla mechanizmu molekularnego, który jest niezbędny dla ekspresji LH_. Łącznie, wyniki te stanowią znaczący postęp w wyjaśnianiu molekularnej podstawy płciowej regulacji osi podwzgórze-przysadka mózgowo-rdzeniowa i płciowo dimorficznej kontroli płodności [(126)].

5.1 Fosfo Sygnał pozakomórkowy Kinaza regulowana p (ERK1/2).

Pozakomórkowy sygnał regulowany kinazą 1/2, ważnym enzymem regulacyjnym, odgrywa ważną rolę w dolnej drodze regulacji w różnych funkcjach komórki. ERK1 i ERK2 to pokrewne kinazy białkowo-serynowo-treoninowe, które uczestniczą w kaskadzie transdukcji sygnału Ras-Raf-MEK-ERK. Kaskada ta bierze udział w regulacji wielu różnych procesów, w tym adhezji komórek, progresji cyklu komórkowego, migracji komórek, przetrwania komórek, różnicowania, metabolizmu, proliferacji i transkrypcji [(67)].

5.1.1 Oszacowanie p (ERK1/2).

Aktywowana mitogenem kinaza białkowa / pozakomórkowa regulacja sygnału kinazy 1/2 (MEK1/2) katalizuje fosforylację ludzkiego ERK1/2 w Tyr204/187 a następnie Thr202/185. Do aktywacji enzymów wymagana jest fosforylacja tyrozyny i treoniny. Podczas gdy rodziny Kinaza Raf i MEK mają wąską specyficzność substratów, ERK1/2 katalizują fosforylację setek substratów cytoplazmatycznych i jądrowych, w tym cząsteczek regulacyjnych i czynników transkrypcyjnych [(67)]. Pozakomórkowy sygnał fosforowy regulowany kinazą 1/2 znajduje się we wszystkich tkankach ciała. Richards i Fan byli w stanie zaburzyć je wybiórczo w komórkach jajnikowych wymaganych do płodności. Wykazano, że w surowicy niepłodnych kobiet spadek poziomu p (ERK1/2) był mniej znaczący niż u kobiet płodnych; ustalenie to zgadza się z Richardsem i ich współpracownikami, stwierdzili oni, że aktywność obu kinaz jest zwiększona w płodności. Aby zaburzyć płodność, musiały one blokować aktywację obu enzymów w określonych komórkach somatycznych jajników [(5)].

Jak wynika z wyniku przedstawionego w rozdziale czwartym, badanie to wykazało, że występują znaczne spadki wartości p (ERK 1/2) w surowicy kobiet niepłodnych w porównaniu z kobietami płodnymi, wynik ten był zgodny z Richardsem i *wsp*. Ogólnie w tym badaniu stężenie wartości p (ERK 1/2) w surowicy kobiet niepłodnych było mniejsze niż u kobiet płodnych. Również wartość poziomu p (ERK 1/2) w surowicy niepłodnych kobiet jest mniejsza od wartości poziomu p (ERK 1/2) u niepłodnych kobiet, co oznacza, że aktywność p (ERK 1/2) w surowicy jest wyższa od aktywności w moczu, a więc u kobiet płodnych. Wystąpiły więc istotne zmniejszenia p (ERK 1/2) w surowicy niepłodnych kobiet w porównaniu z kobietami płodnymi, a także istotne zmniejszenia p (ERK1/2) w moczu w porównaniu z p (ERK1/2) w surowicy zarówno u kobiet płodnych, jak i niepłodnych[(5)].

Dalsze badania wykazały, że zdolność proliferacyjna komórek zmniejsza się wraz z wiekiem. Wykazano, że ten związany z wiekiem spadek odpowiedzi proliferacyjnej na stymulację mitogenną jest związany z obniżeniem aktywności obu pozakomórkowych kinaz regulowanych sygnałem (ERK) [(128)]. Wynik ten sugeruje, że spadek skojarzenia między Shc i EGFR w starszych komórkach jest przyczyną spadku związanego z wiekiem w kaskadzie sygnalizacyjnej ERK i w zdolności proliferacyjnej [(128)]. Podczas gdy poprzedni wynik wykazał znaczący spadek fosforylacji ERK tylko u pacjentów z tocznia w porównaniu z fosforylacją u pacjentów z reumatoidalnym zapaleniem stawów (RZS) oraz w grupie kontrolnej, dla której skutki ze względu na wiek, płeć i leki były podobnie wykluczone[(129)(130)].

Badanie dla Xuefei Tian i wsp. wykazało dokładny mechanizm zwiększenia aktywności kalparyny w podocytach po urazie wymaga dalszych badań [(131)], najnowsze dowody wskazują, że fosforylacja ERK1/2 jest zwiększona po urazie kłębuszków nerkowych [(132)]. Wyniki te dodatkowo podkreślają krytyczną rolę interakcji podocytów z komórką-matrycą w funkcji kłębuszkowej u myszy [(133)(134)] i ludzi [(145) (136) oraz to], jak terapeutyczne ukierunkowanie tych ścieżek może przynieść korzyści pacjentom [(137)]. Również Xuefei Tian *i inni* stwierdzili znaczący wzrost aktywności kalpary w moczu i kłębuszku [131].

5.1.2 Działalność p (ERK1/2) z wiekiem:

Wyniki tego badania, które wykazały znaczący spadek poziomu aktywności p (ERK 1/2) w surowicy krwi u niepłodnych kobiet, głównie u kobiet powyżej 25 roku życia, i było to znacznie mniej wśród niepłodnych kobiet niż w grupie pozornie zdrowych, a badanie to było zgodne z Joanne S. Richards, Dr. Heng-Yu Fan *et al*, który wykazał, że enzym ten był niższy w surowicy niepłodnych kobiet [5], oraz z Hutter D, Yo Y, Chen W *et al*, który wykazał, że enzym ten zmniejsza się wraz z wiekiem[128]. Wynik ten ujawnił, że płodność u kobiet zaczyna spadać na wiele lat przed wystąpieniem menopauzy, pomimo kontynuacji regularnych cykli miesiączkowych [138, 139]. Dowody pochodzące z kilku różnych systemów modelowych wskazują, że starzenie się komórek wiąże się z utratą zdolności proliferacyjnej jajników [128].

Niektóre badania wykazały, że zdolność proliferacyjna i aktywność pERK1/2 były obniżane wraz z wiekiem w różnych narządach lub tkankach organizmu, takich jak mioepitelia, hepatocyt i komórka ziarnista [140, 20]. Wykazano, że ten związany z wiekiem spadek odpowiedzi proliferacyjnej na stymulację mitogenną jest związany z obniżeniem aktywności obu pozakomórkowych kinaz regulowanych sygnałem (ERK) [128]. W 58/80 (72,5%) tkankach inwazyjnego raka przewodowego sutka (IBDC) wykryto również fosforowane ERK1/2, co wiązało się z większym stadium TNM i przerzutami do węzłów chłonnych, ale nie z wiekiem pacjenta ani wielkością guza. Nie zaobserwowano istotnego związku między ekspresją p (ERK1/2) a wiekiem [141].

Inne badania wskazują, że w każdym wieku, cAMP promuje aktywność biologiczną FSH, ale z rozbieżnymi wynikami na ścieżce ERK. W obu grupach wiekowych (pięć dni i dziewiętnaście dni) produkcja cAMP w odpowiedzi na FSH była niska okołoporodowo, ale obfita w dziewiętnaście dni po urodzeniu. Jednak w ciągu pięciu dni po porodzie poziom podstawowy cAMP był znacznie wyższy niż w ciągu dziewiętnastu dni [142].

Dalsze badania wykazały, że zdolność proliferacyjna komórek zmniejsza się wraz z wiekiem. Użycie hepatocytów jako próbki wykazało, że ten związany z wiekiem spadek odpowiedzi proliferacyjnej na stymulację mitogenną jest związany ze zmniejszeniem aktywności obu pozakomórkowych kinaz regulowanych sygnałem (ERK) [143]. Inne badanie wskazuje, że kinazy ERK MAP odgrywają kluczową rolę w regulacji wzrostu komórek w hepatocytach, wcześniej zgłaszano, że starsze hepatocyty wykazują zmniejszoną syntezę DNA i zmniejszoną progresję cyklu komórkowego w odpowiedzi na stymulację EGF. Ten związany z wiekiem spadek zdolności proliferacyjnej jest skorelowany z obniżeniem aktywności kinazy MAP ERK, zmniejszeniem ekspresji genów regulowanych ERK [(144, 145)]. W celu poszukiwania molekularnych podstaw wad szlaku ERK związanych z wiekiem scharakteryzowano zdarzenia sygnalizacyjne występujące po stymulacji naskórkowym czynnikiem wzrostu (epidermal growth factor - EGF) u młodych i starszych hepatocytów. Jak już wcześniej zauważono w przypadku ERK, działania zarówno MEK (kinazy znajdującej się bezpośrednio przed ERK), jak i Ras po stymulacji EGF były znacznie niższe w hepatocytach starszych. Wynik ten sugeruje, że spadek skojarzenia między Shc i EGFR w starszych komórkach jest przyczyną spadku związanego z wiekiem w kaskadzie sygnalizacyjnej ERK i w zdolności rozrodczej [(143)].

Chiara Gregorj i *inni przeprowadzili* badania w celu oceny profilu ginekologicznego i profilu tarczycy u pacjentów z PCOS. W badaniach pięćdziesiąt procent pacjentów znajdowało się w grupie wiekowej poniżej 25 lat, a pozostali byli w grupie wiekowej powyżej 26 lat. Średnia wieku badanych wynosiła 27,1 roku. Badanie to wykazuje spadek ekspresji p (ERK1/2) wraz z wiekiem [(146)].

5.2 Hormony:

5.2.1 Oszacowanie aktywności hormonu gonadotropiny i prolaktyny u niepłodnych i płodnych kobiet oraz jego korelacja z wiekiem

Ostatnie badania wykazały, że w przypadku tymczasowego rozpoznania wielomikowiskowej choroby jajników (PCOD, PCOS) u pacjentek w średnim wieku 20,8 roku profil ginekologiczny jest nieprawidłowy, a w średnim wieku 33,35 roku zarówno profil ginekologiczny, jak i profil tarczycy są nieprawidłowe. Tak więc przy ocenie przypadku PCOD u pacjenta w wyższej grupie wiekowej należy uwzględnić zarówno profil ginekologiczny, jak i profil tarczycy. Rzeczywista relacja pomiędzy ŻBJ i TSH wymaga dalszych badań w większej populacji [(35)]. W badaniu (Kanagavalli P *i in.* 2013) wykazano, że pięćdziesiąt procent pacjentów znajdowało się w grupie wiekowej od 17 do 25 lat, a pozostali byli w grupie wiekowej od 26 do 40 lat. Stwierdzono istotną statystycznie korelację pomiędzy FSH i TSH ($r = 0{,}809$ $p < 0{,}001$) w wyższej grupie wiekowej. Stwierdzono, że PCOS rozpoznawany u chorych w wyższej grupie wiekowej, zarówno o profilu ginekologicznym, jak i tarczycy, powinien być oceniany w celu zapobiegania dalszym powikłaniom [(35)].

Inne badanie dla (Pascale 2001) wskazuje, że w każdym wieku, cAMP promuje aktywność biologiczną FSH, ale z rozbieżnymi wynikami na ścieżce ERK. W porównaniu do obu grup wiekowych, produkcja cAMP w odpowiedzi na FSH była niska okołoporodowa, ale obfita w 19 dni po urodzeniu. Jednak po 5 dniach od przyjęcia do szpitala poziom podstawowy cAMP był znacznie wyższy niż po 19 dniach [(142)].

Nelson 1997 zaproponował trzy potencjalne predykatory (tj. biomarkery) długowieczności u ssaków (wiek początku okresu dojrzewania, stężenie sterydów gonadowych i czas niepłodności związanej z wiekiem). Wiek dojrzewania i zmniejszania się płodności jest hipotezą pozytywnie skorelowaną z długowiecznością. Proponuje się, aby stężenie androgenów i estrogenów było odwrotnie i dodatnio skorelowane, odpowiednio, z okresem życia [(147)].

Przeprowadzono badania wskazujące na wpływ wieku na nieregularność stężeń LH i FSH w surowicy u kobiet i mężczyzn. Steven M. *i wsp.* ocenili wyraźne rozróżnienie pomiędzy dynamiką hormonu stymulującego pęcherzyki (FSH) i hormonu luteinizującego (LH): wizualnie wydaje się, że wzór stężenia FSH w surowicy jest bardziej nieregularny niż LH u młodszych kobiet. Badano trzy grupy: 24 młode kobiety (8 wczesno pęcherzykowych (EFol), 8 późno pęcherzykowych (LFol) i 8 midlutealnych (MLut)); 8 kobiet po menopauzie; oraz 17 mężczyzn w wieku 21-79 lat [(148)].

Pierwszym stwierdzeniem Stevena M. *i wsp.* było stwierdzenie, że poszczególne serie czasowe stężenia FSH w surowicy są konsekwentnie i znacząco bardziej nieregularne niż odpowiadające im serie LH w przeliczeniu na jedną osobę u młodszych kobiet i mężczyzn w wieku 60 lat. Konkretnie, gdy połączono wyniki uzyskane od obu płci, 34 z 35 badanych osób wykazywało bardziej nieregularną dynamikę stężenia FSH niż LH. Wynik ten zyskuje dodatkowe zainteresowanie, biorąc pod uwagę ogólną zgodność 1:1 pomiędzy pierwotnymi impulsami LH i FSH zarówno dla samców jak i samic [(139, 148)]. Tak więc zidentyfikowana tu różnica w regularności znajduje się w zasadzie na podrzędnym poziomie aktywności.

Drugim stwierdzeniem pierwotnej obserwacji *Stevena M. i wsp.* było to, że różnica w zakresie nieregularności FSH i LH zanika po menopauzie, tzn. że ApEn (FSH) 2 ApEn (LH) staje się nieznacznie różny od zera. Steven M. *i wsp.* mogą zatem oceniać ewolucję wzdłużną ApEn (FSH) 2 ApEn (LH) w przeliczeniu na jedną osobę, jako jeden potencjalny marker menopauzy (komentarz poniżej). Mężczyźni, ponieważ średnie poziomy FSH i LH w surowicy nie zmieniają się znacząco wraz z wiekiem. W młodszej grupie kobiet sugeruje się, że nieregularność dynamiki FSH i LH w połowie fazy pęcherzykowej może różnić się od tej we wczesnej i późnej fazie pęcherzykowej [139, 148].

Ponadto, badania Burgera i wsp. 2000 wykazały, że o ile wartości estradiolu E2 w surowicy krwi kobiet w 3-5 dniach cyklu normalnie miesiączkujących w wieku 40-50 lat korelowały ujemnie z FSH, to inhibina B była jedynym niezależnym predyktorem wartości FSH [149]. Chociaż w badaniu (de Vet i in. *2002* oraz van Rooij i in. 2002*) okazuje się,* że poziom hormonu anty-mulleryjskiego (AMH) w surowicy krwi kobiet w 3 dniu cyklu zmniejsza się wraz z wiekiem i wykazuje ujemną korelację z FSH. (150)(151).

Pomimo braku sprzężenia zwrotnego jajników, w składowej podwzgórzowej zachodzą zmiany związane z wiekiem, które charakteryzują się spadkiem częstości pulsu GnRH z wiekiem (Lambalk *i in.*, 1997 [152]*;* Santoro *i in.* [153], 1998*;* Hall *i in.*, 2000 [154].

Inne badanie (*Sandy Shaw i in.* 2004) na temat prolaktyny wykazało, że prolaktyna zwiększała się wraz z wiekiem; wiele z tego może wynikać z uszkodzeń, które mają miejsce w dopaminergicznym i cholinergicznym układzie nerwowym, które hamują uwalnianie prolaktyny [155].

Dalsze badania wykazały, że odsetek komórek prolaktynowych był wyższy w 90. dniu życia niż w 30. dniu życia zarówno u nieuszkodzonych samców jak i samic szczurów. Nie stwierdzono różnic płciowych w odsetku komórek prolaktyny w 30. dniu życia, ale w 90. dniu życia przysadki zawierały więcej komórek prolaktyny niż samce[156].

Ostatnie badania przeprowadzone na Ferdynandzie Roelfsemie *i in.* wykazały, że u zdrowych osób dorosłych selektywne kombinacje płci, wieku i BMI określają odrębną dynamikę PRL, co wymaga zrównoważonej reprezentacji tych zmiennych w porównawczych badaniach PRL. Stosując immunofluorometryczny test PRL w 10-minutowych próbkach pobranych w ciągu 24 godzin, średnie 24-godzinne stężenie PRL skorelowane było łącznie z płcią ($P < 0,0001$) i BMI ($P = 0,01$), ale nie z wiekiem([157].

Chiara Gregorj i wsp. *podjęli* badania w celu oceny profilu ginekologicznego i profilu tarczycy u pacjentów z PCOS [146]. W badaniach pięćdziesiąt procent pacjentów znajdowało się w grupie wiekowej od 17 do 25 lat, a pozostali byli w grupie wiekowej od 26 do 40 lat. Średnia wieku badanych wynosiła 27,1 ± 8,35 roku. Badanie to wykazuje spadek ekspresji p (ERK1/2) wraz z wiekiem [146]. W badaniu Legro RS i Straussa JF średnia surowica LH nie była istotnie wyższa niż średnia surowica FSH u kobiet PCOS w porównaniu z osobami kontrolnymi. Legros *i wsp.* znaleźli skromny związek między podwyższonym stosunkiem LH do FSH u kobiet o policystycznej morfologii jajników [158]. Zaburzone pulsacyjne uwalnianie hormonu uwalniającego gonadotropinę (GnRH) powoduje względny wzrost uwalniania LH do FSH z powodu nieprawidłowości osi podwzgórzowo-przysadkowej lub nadnerczy [159]. Również ten wynik pokazuje spadek ekspresji p (ERK1/2) wraz z wiekiem [146].

5.3 Korelacje:

5.3.1 Korelacje między parametrami dla kobiet niepłodnych (P)

5.3.1.1 Korelacja pomiędzy U.pERK1/2 i S.pERK1/2.

Wartości P.U.PERK1/2(P.U.pERK1/2) moczu u niepłodnych kobiet zostały obniżone, a wartości P.S.pERK1/2(P.S.pERK1/2) w surowicy u niepłodnych kobiet zostały obniżone, co oznacza, że korelacja pomiędzy P.U.pERK1/2 i P.S.pERK1/2 jest zwiększona w dodatniej (0,315) tabeli (4,10). Stwierdzono dodatnią korelację między liczbą P. U.pERK1/2 i P.S.pERK1/2 u kobiet niepłodnych (P<0,05) (4,1).

Wartości moczu niepłodnych kobiet pERK1/2(C.U.pERK1/2) zostały zwiększone, a wartości w surowicy pERK1/2(C.S.pERK1/2) niepłodnych kobiet zostały zwiększone, co oznacza, że korelacja pomiędzy C.U.pERK1/2 i C.S.pERK1/2 jest zwiększona w dodatniej (0,532) tabeli (4.11). Wystąpiły znaczne wzrosty pomiędzy C. U.pERK1/2 i C.S.pERK1/2 wzrosły dodatnio u kobiet płodnych (P < 0,05) rysunek (4,10).

5.3.1.2 Korelacja pomiędzy U.pERK1/2, S.FSH, S.LH i S.Prolaktyną

Wartości P.U.pERK1/2 (P.U.pERK1/2) w moczu niepłodnych kobiet zostały obniżone, a wartości w surowicy krwi niepłodnych kobiet (P.S.FSH) obniżone, co oznacza, że korelacja pomiędzy P.U.pERK1/2 i (P.S.FSH) jest zwiększona w dodatniej (0,353) tabeli (4,10). U kobiet niepłodnych (P < 0,05) odnotowano istotne wzrosty pomiędzy P. U.pERK1/2 a (P.S.FSH), które zmniejszyły się dodatnio (4,2).

Zwiększono wartości pERK1/2 (C. U.pERK1/2) dla płodnych kobiet moczu oraz zwiększono wartości FSH (C.S.FSH) w surowicy płodnych kobiet, co oznacza, że korelacja pomiędzy C.U.pERK1/2 i (C.S.FSH) jest dodatnia (0,353) w tabeli (4,11). Wystąpiły znaczne wzrosty pomiędzy C. U.pERK1/2 i (C.S.FSH) wzrósł dodatnio (P < 0,05) rysunek (4,11).

Zwiększono wartości pERK1/2 (C.U.pERK1/2) dla płodnych kobiet moczu oraz zwiększono wartości LH (C.S.LH) w surowicy płodnych kobiet, co oznacza, że korelacja pomiędzy C.U.pERK1/2 i (C.S.LH) jest dodatnia (0,560) w tabeli (4,11). Wystąpiły znaczne wzrosty pomiędzy C. U.pERK1/2 i (C.S.LH) wzrosły dodatnio ($P < 0,05$) rysunek (4,12).

Wartości pERK1/2(C.U.pERK1/2) w moczu niepłodnych kobiet zostały zwiększone, a wartości prolaktyny w surowicy płodnych kobiet (C.S.Prolactin) zwiększone, co oznacza, że korelacja pomiędzy C.U.pERK1/2 i (C.S.Prolactin) wzrosła w dodatniej (0,090) tabeli (4,11), ($P < 0,05$) rycinie (4,13).

Wartości P.U.PERK1/2 (P.U.pERK1/2) w moczu niepłodnych kobiet zostały obniżone, a wartości w surowicy LH (P.S.LH) niepłodnych kobiet obniżone, co oznacza, że korelacja pomiędzy P.U.pERK1/2 i (P.S.LH) jest zwiększona w dodatniej (0,067) tabeli (4,10). U kobiet niepłodnych ($P < 0,05$), rycina (4,3), u których zaobserwowano istotne wzrosty pomiędzy P. U.pERK1/2 a (P.S.LH).

Wartości P.U.PERK1/2 (P.U.pERK1/2) w moczu niepłodnych kobiet zostały obniżone, a wartości w surowicy Prolaktyny (P.S.Prolaktyna) niepłodnych kobiet zostały podwyższone, co oznacza, że korelacja pomiędzy P.U.pERK1/2 a (P.S.Prolaktyna) jest odwrotna (-0,346) tabela (4,10).

5.3.1.3 Korelacja pomiędzy S.pERK1/2, S.FSH, S.LH i S.Prolactin.

Wartości w surowicy P.S.pERK1/2 (P.S.pERK1/2) kobiet niepłodnych uległy zmniejszeniu, a wartości w surowicy P.S.FSH (P.S.FSH) kobiet niepłodnych uległy zmniejszeniu, co oznacza, że korelacja pomiędzy P.S.pERK1/2 a (P.S.FSH) zwiększa się w dodatniej (0,585) tabeli (4,10). U kobiet niepłodnych ($P < 0,05$), rycina (4,4) wystąpiły znaczne wzrosty pomiędzy P. S.pERK1/2 a (P.S.FSH).

Wartości w surowicy P.S.pERK1/2 (P.S.pERK1/2) kobiet niepłodnych uległy zmniejszeniu, a wartości w surowicy LH (P.S.LH) kobiet niepłodnych uległy zmniejszeniu, co oznacza, że korelacja pomiędzy P.S.pERK1/2 a (P.S.LH) jest ujemna (0,158) tabela (4,10). Pomiędzy P. S.pERK1/2 a (P.S.LH) nie stwierdzono istotnych wzrostów, ale zmniejszył się u kobiet niepłodnych ($P < 0,05$).

Wartości w surowicy p.S.pERK1/2(P.S.pERK1/2) u niepłodnych kobiet były obniżone, a wartości w surowicy Prolaktyny (P.S.Prolaktyna) u niepłodnych kobiet zwiększone, co oznacza, że korelacja pomiędzy P.S.pERK1/2 i (P.S.Prolaktyna) jest odwrotna (-0,377) i zmniejsza się ujemnie, a korelacja nie jest istotna (r < 0,3), tabela (4,10), rysunek (4,6).

Wartości FSH (P.S.FSH) w surowicy kobiet niepłodnych były obniżone, a wartości w surowicy LH (P.S.LH) kobiet niepłodnych zwiększone, co oznacza, że korelacja pomiędzy (P.S.FSH) i (P.S.LH) jest dodatnia, korelacja była statystycznie istotna (0,399) tabela (4,10).

Wartości surowicy płodnych kobiet pERK1/2(C. S.pERK1/2) zostały zwiększone, a wartości surowicy płodnych kobiet FSH (C.S.FSH) zwiększone, co oznacza, że korelacja pomiędzy C.S.pERK1/2 i (C.S.FSH) jest dodatnia (0,651) w tabeli (4,11). Pomiędzy C. S.pERK1/2 a (C.S.FSH) nastąpił istotny wzrost dodatni, korelacja była statystycznie istotna (P < 0,05) (4,14).

Wartości surowicy płodnych kobiet pERK1/2 (C.S.pERK1/2) zostały zwiększone, a wartości surowicy płodnych kobiet LH (C.S.LH) zwiększone, co oznacza, że korelacja pomiędzy C.S.pERK1/2 i (C.S.LH) jest dodatnia (0,545) w tabeli (4,11). Pomiędzy C. S.pERK1/2 a (C.S.LH) nastąpił znaczący wzrost wartości dodatnich (P < 0,05) (4,15).

Wartości surowicy płodnych kobiet pERK1/2(C.S.pERK1/2) zostały zwiększone, a wartości prolaktyny (C.S.Prolaktyna) w surowicy płodnych kobiet wzrosły, co oznacza, że korelacja pomiędzy C.S.pERK1/2 i (C.S.Prolaktyna) wzrosła dodatnio, korelacja była statystycznie istotna (0,317) (P < 0,05) tabela (4,11) (4,16).

Dwie krytyczne drogi, które wzajemnie się komunikują, wpływając na proliferację i różnicowanie komórek jajnikowych, to droga PI3K1AKT/FOXOI oraz kaskada Ras/Raf/MEKIERK. Ponieważ FSH może stymulować obie ścieżki, super-owulacyjny reżim hormonów PMSG / hCG (analogi FSH / LH ([115]).

Inne badania wykazały, że odpowiedź komórek ziarnistych na LH i FSH jest mediowana głównie przez sygnalizację cAMP/PKA. W szczególności, w odpowiedzi na te bodźce zwiększa się aktywność kaskady sygnalizacyjnej pozakomórkowej kinazy regulowanej sygnałem (ERK) [(160, 161)]. Rony Seger *i inni* badali udział kaskady ERK w steroidogenezie wywołanej LH i FSH w dwóch liniach komórkowych pochodzących z granulozy, odpowiednio rLHR-4 i rFSHR-17 [(121, 117)]. Rony Seger *i wsp.* stwierdzili, że stymulacja tych komórek odpowiednią gonadotropiną wywołała aktywację ERK, jak również produkcję progesteronu, poniżej PKA [(117)]. Zahamowanie aktywności ERK zwiększało produkcję progesteronu stymulowanego gonadotropiną, co było skorelowane ze zwiększoną ekspresją steroidogennego białka regulacyjnego o ostrym przebiegu

(StAR), kluczowego regulatora syntezy progesteronu. Dlatego też prawdopodobne jest, że tworzenie progesteronu stymulowanego gonadotropiną jest regulowane przez szlak, który obejmuje PKA i StAR, a proces ten jest regulowany przez ERK, ze względu na tłumienie ekspresji StAR [(117)]. Wyniki badań Rony'ego Segera *i in.* sugerują, że aktywacja sygnalizacji PKA przez gonadotropiny nie tylko wywołuje steroidogenezę, ale także aktywuje maszyny regulacyjne puchu z udziałem kaskady ERK. Aktywacja ERK przez gonadotropiny, jak również przez inne czynniki może być kluczowym mechanizmem modulacji steroidogenezy gonadotropinowej [(116, 117)].

Współpraca między ścieżkami cAMP/PKA i ERK została wykazana w kilku komórkach. Przykładowo, wykazano, że cAMP powoduje trwałą aktywację kaskady ERK, co jest ważne dla wzrostu neurytu w komórkach PC-12 [(158)]. W ludzkich komórkach nabłonkowych torbieli uniesienie cAMP powoduje odpowiedź mitogenną, za którą odpowiedzialna jest przede wszystkim kaskada ERK [(159)]. Wykazano jednak również, że procesy indukowane przez cAMP mogą przyczyniać się do późnego obniżenia poziomu regulacji procesów zachodzących za pośrednictwem ERK. Przykład takiej interakcji kinazy CPG16 indukowanej PKA, która wydaje się częściowo hamować aktywność czynnika transkrypcyjnego CREB [(162)], sugeruje jej udział w redukcji transkrypcji indukowanej kaskadą cAMP i ERK. W przeciwieństwie do tego typu interakcji, wykazano tutaj, że aktywacja procesów za PKA może być również hamowana przez mechanizm za pośrednictwem ERK. Zahamowanie produkcji progesteronu indukowanego przez cAMP może nastąpić na poziomie fosforylacji-defosforylacji białek odgrywających rolę w szlaku steroidogenicznym [(117)].

W badaniach Selvaraja, N. *i wsp. zbadali* ekspresję białka StAR, o którym wiadomo, że jest fosforylowane na pozostałościach seryny lub treoniny. Chociaż fosforylacja gwiaździsta może odgrywać pewną rolę w różnych okolicznościach, nie wydaje się, aby była skorelowana z indukcją kaskad PKA lub ERK i nie mogła wykryć żadnej bezpośredniej fosforylacji gwiaździstej przez ERK [(117)]. Podsumowując, niniejsze badania pokazują, że aktywacja sygnalizacji cAMP/PKA za pomocą gonadotropin nie tylko wywołuje steroidogenezę, ale także aktywuje urządzenia regulujące, które wykorzystują kaskadę ERK. Ta silna machina regulacji dół hamuje szlak steroidogenny indukowany gonadotropiną przez mechanizmy, które są różne od dobrze scharakteryzowanych mechanizmów odczulania receptora. Aktywacja kaskady ERK za PKA z kolei reguluje poziom ekspresji StAR, który jest prawdopodobnie kluczowym uczestnikiem tych procesów down-regulacyjnych. Tak więc PKA nie tylko pośredniczy w steroidogenezie gonadotropowej, ale także aktywuje mechanizm regulacji puchu, który w pewnych warunkach może wyciszyć steroidogenezę. Co więcej, nasze ustalenia wskazują na możliwość, że aktywacja lub hamowanie ERK innymi drogami może być ważnym mechanizmem zmniejszania lub wzmacniania steroidogenezy stymulowanej gonadotropiną. Może to przyczynić się do funkcjonalnej luteolizy, czyli procesu, w którym zluteinizowane komórki ziarninowe wykazują zmniejszoną wrażliwość na LH pomimo utrzymania receptora LH lub do regulacji maszyny steroidogennej podczas luteinizacji komórek ziarninowych(117, 160).

Inne badania wykazały, że hormon luteinizujący (LH) indukuje procesy dojrzewania w kompleksach komórek oocytowo-kumulacyjnych (OCC) pęcherzyków preowulacyjnych, które obejmują zarówno wznowienie mejozy w oocycie, jak i ekspansję (śluzowanie) kumulus oophorus. Oba procesy wymagają aktywacji kinazy białkowej aktywowanej mitogenem (MAPK) w komórkach ziarnistych. Tutaj donosi się, że hamowanie aktywacji MAPK zapobiegło gonadotropinie stymulowanej wznowieniem mejozy, jak również wzrost ekspresji dwóch genów, których produkty są niezbędne do normalnej ekspansji cumulus, Has2 i Ptgs2. Jednak zahamowanie MAPK nie zablokowało wywołanego gonadotropiną wzrostu cAMP komórek ziarnistych, co wskazuje, że aktywacja MAPK wymagana do wywołania ekspansji GVB i cumulus jest poniżej cAMP. Ponadto, aktywacja MAPK w komórkach kumulusu wymaga jednego lub więcej czynników parakrynnych z oocytu do wywołania ekspansji GVB i kumulusu; sama aktywacja MAPK nie jest wystarczająca do rozpoczęcia tych procesów dojrzewania (163-167). Badanie to pokazuje niezwykłą interakcję między komórkami oocytu i kumulusu, która jest niezbędna dla procesów maturalnych wywołanych gonadotropiną w OCC. Poprzez umożliwienie gonadotropinowej aktywacji MAPK w komórkach ziarnistych, oocyty promują generowanie sygnału zwrotnego z tych komórek, który indukuje wznowienie mejozy. Wydaje się również, że ścieżka zależna od oocytów w dół od aktywacji MAPK z oocytami, w odróżnieniu od tej promującej wznowienie mejozy, reguluje ekspansję cumulus (152).

Funkcjonalne receptory PRL są wyrażone w ludzkim endometrium w fazie wydzielniczej cyklu miesiączkowego, w której PRL stymuluje fosforylację tyrozyny Janus kinase 2 i STAT (przetwornik sygnału i aktywator transkrypcji) 1 i 5. W badaniu tym badano wpływ PRL na szlak MAPK/ERK w endometrium człowieka. Ludzka tkanka endometrium została pobrana w połowie do późnej fazy wydzielniczej cyklu menstruacyjnego. Analiza Western blot przeprowadzona na białkach, wyekstrahowanych po 30 min. hodowli z PRL, wykazała szybką tyrozynę i fosforylację treoninową ERK 1 i 2 MAPK.

Fosforylację ERK, w odpowiedzi na PRL, zlokalizowano metodą immunohistochemiczną na komórkach nabłonka gruczołowego i podzbiorze komórek stromalnych. Za pomocą immunofluorescencyjnej histochemii zlokalizowano wywołaną PRL fosforylacją ERK w przedziale stromalnym do komórek swoistych dla macicy CD56 (+) typu natural killer (NK). Wykazały one, że receptor PRL jest wyrażony w komórkach CD56 (+) NK macicy in situ metodą immunofluorescencji oraz w oczyszczonych komórkach CD56 (+) NK dziesięciokrotnego rzędu za pomocą RT- PCR i analizy Western blotting. Ponadto wykazały one fosforylację ERK 1 i 2 w hodowlach oczyszczonych komórek NK macicy CD56 (+), w odpowiedzi na PRL. Nasze dane wykazują, że PRL stymuluje szlak ERK w wielu komórkach endometrium ludzkiego i identyfikuje komórki NK macicy CD56 (+) jako nowe komórki docelowe PRL [(66)].

Dodatkowe badania wykazują, że w odpowiedzi na preowulacyjny skok LH ekspresja receptora LH w jajniku ulega obniżeniu poprzez przyspieszoną degradację mRNA receptora LH poprzez zaangażowanie tego białka wiążącego RNA. Opisują one wewnątrzkomórkowy mechanizm wywoływany przez LH/hCG (ludzką gonadotropinę kosmówkową), który prowadzi do regulowanej degradacji mRNA receptora LH. K.M.J. Menon *& Bindu Menon* wykazali, że obniżenie regulacji receptora LH mRNA zostało wywołane przez leczenie wyhodowanych ludzkich komórek ziarnistych 10 IU hCG. Aktywacja docelowej, zewnątrzkomórkowej kinazy białkowej regulowanej sygnałem 1 i 2 (ERK 1/2) wykazała wzrost w ciągu 5 min i utrzymywała się do 1 h. Analiza konfokalna wykazała, że ERK1/2 przeniesiona do jądra po 15 min leczenia hCG. Prowadzi to do zwiększenia ekspresji białka LRBP wiążącego receptor luteinizujący (LHR) mRNA, które następnie powoduje obniżenie regulacji mRNA receptora LH poprzez przyspieszenie jego degradacji. Leczenie za pomocą UO126 lub transfekcja specyficznym dla ERK siRNA (mały zakłócający RNA) spowodowało zniesienie aktywacji ERK, jak również regulacji LHR mRNA w dół. Badanie elektroforetycznej ruchomości RNA frakcji cytozolowych wykazało, że indukowany przez hCG wzrost aktywności wiązania receptora LH mRNA również został zniesiony przez te zabiegi. Wyniki te pokazują, że indukowana przez LH/hCG regulacja mRNA receptora LH w dół jest inicjowana przez aktywację szlaku ERK1/2 poprzez regulację ekspresji i aktywności aktywności wiązania mRNA receptora LH[(169)(170)(171)].

Hormon luteinizujący (LH) jest niezbędny do zakończenia proliferacji granulosacelu (GC) i wywołania dojrzewania oocytów, owulacji oraz różnicowania GC do komórek lutealnych. Chociaż cAMP jest dobrze znanym mediatorem działania LH, ostatnio ujawniono, że czynniki podobne do EGF działają jako wewnętrzne mediatory pęcherzykowe LH, które stymulują ekspansję kompleksu kumulus celll-oocyte (COC) i dojrzewanie oocytów. Niejasne pozostały jednak konkretne kaskady sygnalizacyjne, mechanizmy i zakres, w jakim czynniki podobne do EFG oraz jego kinazy dolnego biegu ERK1/2 (MAPK3/1) kontrolują owulację i luteinizację. Wady jajników doprowadziły nie tylko do niewydolności jajeczkowania i niepłodności, ale także do poważnego zaburzenia równowagi hormonalnej: zmutowane myszy wykazywały stałą estruację ze znacznie wyższym stężeniem estradiolu w surowicy, ale niższym poziomem progesteronu niż w kontrolach.Ponadto ustalili oni mechanicznie, że czynniki podobne do EGF i czynnik transkrypcyjny CCAAT/Enhancer binding protein beta (C/EBPbeta) synergistycznie indukują ekspresję niektórych genów regulowanych LH w hodowanych GC i że jest to zależne od fosforylacji i aktywacji C/EBPbetaat konsensusu ERK1/2 strona T188. Ekspresja C/EBPbeta jest niewykrywalna w GC rosnących pęcherzyków, ale jest szybko indukowana przez LH/hCG w pęcherzykach preowulacyjnych w ciągu 2 h i osiąga maksymalne poziomy w luteinizujących GC. Co więcej, myszy, u których gen Cebpb został selektywnie zaburzony w GC przy użyciu szczepu myszy Cyp19-Cre, dokumentują, że specyficzny dla GC knockout Cebpb samic był subfertylny z powodu wad owulacji i luteinizacji. Co ważne, wyzwalana LH aktywacja ścieżki RAS-ERK1/2 pozostaje nienaruszona w myszach Cebpb cKO. Po raz pierwszy pokazują one *in vivo*, że ERK1/2 są niezbędne dla dojrzewania oocytów wyzwolonych przez LH, owulacji, luteinizacji i globalnego genetycznego przeprogramowania granulozy do komórek lutealnych. C/EBPbeta jest ważnym mediatorem dramatycznego wpływu ERK1/2 na pęcherzyki preowulacyjne. Badania te dostarczają nowych mechanizmów i wiedzy na temat tego, jak gonadotropiny i czynniki podobne do EGF kontrolują dojrzewanie oocytów, owulację i różnicowanie GC [(172)].

5.3.1.4. Korelacja między hormonami (S.FSH, S.LH i S.Prolaktyna).

Wartości FSH (P.S.FSH) w surowicy kobiet niepłodnych uległy zmniejszeniu, a wartości Prolaktyny (P.S.Prolaktyna) w surowicy kobiet niepłodnych uległy zwiększeniu, co oznacza, że korelacja pomiędzy (P.S.FSH) i (P.S.Prolaktyna) jest odwrotna (-0,088) i zmniejsza się ujemnie, a korelacja nie jest istotna ($r < 0,3$) tabela (4,10).

Wartości w surowicy LH (P.S.LH) kobiet niepłodnych uległy zmniejszeniu, a wartości w surowicy Prolaktyny (P.S.Prolaktyna) kobiet niepłodnych uległy zwiększeniu, co oznacza, że korelacja pomiędzy (P.S.LH) i (P.S.Prolaktyna) jest odwrotna (-0,120) i zmniejsza się ujemnie, a korelacja ta nie była istotna ($r < 0,3$

) tabela (4,10).

Wartości surowicy płodnych kobiet FSH (C.S.FSH) zostały zwiększone, a wartości surowicy płodnych kobiet LH (C.S.LH) zwiększone, co oznacza, że korelacja pomiędzy (C.S.FSH) i (C.S.LH) jest dodatnia (0,651), a korelacja jest statystycznie istotna (r > 0,3) tabela (4,11).

Wartości FSH (C.S.FSH) w surowicy płodnych kobiet zostały zwiększone, a wartości prolaktyny (C.S.Prolaktyna) w surowicy płodnych kobiet zostały zwiększone, co oznacza, że korelacja pomiędzy (C.S.FSH) i (C.S.Prolaktyna) jest dodatnia (0,293), a korelacja ta nie była statystycznie istotna (r < 0,3) tabela (4,11).

Zwiększono wartości LH (C.S.LH) w surowicy płodnych kobiet oraz zwiększono wartości prolaktyny (C.S.Prolaktyna) w surowicy płodnych kobiet, co oznacza, że korelacja pomiędzy (C.S.LH) i (C.S.Prolaktyna) jest dodatnia (0,325)), a korelacja jest statystycznie istotna (r > 0,3) tabela (4,11).

Najnowsze badania na zlecenie *(Kanagavalli P i in. 2013) wykazały,* że 50 procent pacjentów znajdowało się w grupie wiekowej od 17 do 25 lat, a pozostali byli w grupie wiekowej od 26 do 40 lat. Stwierdzono istotną statystycznie korelację pomiędzy FSH i TSH (r = 0,809 p < 0,001) w wyższej grupie wiekowej. Stwierdzono, że PCOS rozpoznawany u chorych w wyższej grupie wiekowej, zarówno o profilu ginekologicznym, jak i tarczycy, powinien być oceniany w celu zapobiegania dalszym powikłaniom [(35)].

Inne badanie dla *(Dahiya K et al 2012)* wykazało, że hormon stymulujący tarczycę jest (TSH) bardziej wiarygodnym wskaźnikiem niedoczynności tarczycy i jest często związane z niskim poziomem T3 i T4. Kobiety z PCOS mają wysoką częstość występowania podwyższonego poziomu hormonu stymulującego tarczycę (TSH), o czym świadczą badania przeprowadzone przez Dahiya *i wsp.* [(173)].

Sama niedoczynność tarczycy może pogłębić objawy PCOS. Niedotlenienie tarczycy może prowadzić do niskiego poziomu hormonu płciowego wiążącego globulinę (SHBG), co z kolei może prowadzić do wyższego stężenia wolnego testosteronu i zwiększonego testosteronu w całym organizmie oraz aromatyzacji do estradiolu i zmniejszenia klirensu metabolicznego androstenonu i estronu. Ponieważ hormony tarczycy są zaangażowane w gonadotropinę indukowaną przez estradiol i wydzielanie progesteronu przez ludzkie komórki ziarninowe, niedoczynność tarczycy będzie zakłócać funkcje jajników i płodność [(35)].

Wysoki poziom testosteronu jest jednym z parametrów, które przyczyniają się do wystąpienia objawów PCOS, takich jak niepłodność, jajniki policystyczne, hirsutyzm, wypadanie włosów o męskim wzorze i trądzik. Ponadto u pacjentów z PCOS średnie stężenie prolaktyny mieściło się w granicach normy [173].

Ostatnie badania wykazały, że u chorych na PCOS korelacja pomiędzy FSH i LH & FSH a prolaktyną wskazywała na brak istotnej korelacji pomiędzy nimi (35)

Inne badanie wykazało, że średnia surowica LH nie była istotnie wyższa od średniej surowicy FSH u kobiet PCOS w porównaniu z kobietami płodnymi [35]. Niewielki związek między LH a FSH zwiększył proporcje u kobiet z policystyczną morfologią jajników. Zaburzone pulsacyjne uwalnianie hormonu uwalniającego gonadotropinę (GnRH) powoduje względny wzrost uwalniania LH do FSH z powodu nieprawidłowości osi podwzgórzowo-przysadkowej lub nadnerczy [174]. Jednakże, wyniki uzyskane z badania Kanagavalli P *i in.*, gdzie kobiety z PCOS mają jednakową wartość LH i FSH. Z drugiej strony, Cho

LW *i wsp.* stwierdzili, że stosunek LH/FSH ma niewielkie zastosowanie w diagnostyce zespołu policystycznych jajników [35].

Ostatecznie Kanagavalli P *i inni* stwierdzili, że PCOS został zdiagnozowany w średnim wieku 20,8 roku, indeks ginekologiczny jest nieprawidłowy z prawidłowym profilem tarczycy. W średnim wieku 33,35 roku życia, zarówno wskaźnik ginekologiczny, jak i profil tarczycy były nieprawidłowe. Wraz z postępem wieku obserwuje się tendencję do wzrostu wartości FSH, a wzrost wartości TSH u chorych na PCOD [35].

ROZDZIAŁ SZÓSTY: WNIOSKI I ZALECENIA

6.1 Wniosek

1- Aktywność surowicy p (ERK1/2) była istotnie mniejsza wśród kobiet niepłodnych niż w grupie kobiet płodnych. Kobiety w wieku powyżej 25 lat miały mniej pERK1/2 i aktywności w porównaniu z mniej niż 25 rokiem życia. Stwierdzono istotną statystycznie ujemną korelację między aktywnością p (ERK1/2) surowicy a wiekiem.

2- Stwierdzono istotne obniżenie wartości FSH i LH u kobiet niepłodnych w surowicy w porównaniu z kobietami płodnymi.

3- Stwierdzono istotny wzrost wartości prolaktyny u kobiet niepłodnych w surowicy w porównaniu z kobietami płodnymi.

4- Wartość FSH i LH u kobiet niepłodnych w surowicy poniżej 25 lat była wyższa niż u kobiet niepłodnych powyżej 25 lat. U kobiet niepłodnych w surowicy o zwiększonym wieku nastąpił znaczny spadek wartości FSH i LH. Również FSH i LH u kobiet płodnych w surowicy krwi poniżej 25 lat było wyższe niż u kobiet płodnych w surowicy krwi powyżej 25 lat. Stwierdzono znaczne obniżenie wartości FSH u kobiet płodnych w surowicy z wiekiem wzrostu.

5- Prolaktyna u kobiet płodnych w surowicy poniżej 25 lat jest niższa niż u kobiet płodnych w surowicy powyżej 25 lat, co oznacza, że średnia wartość prolaktyny u kobiet płodnych w surowicy powyżej 25 lat wzrasta w porównaniu z wartością prolaktyny u kobiet płodnych w surowicy poniżej 25 lat. U kobiet płodnych w surowicy o zwiększonym wieku nastąpił znaczny wzrost wartości prolaktyny. Również wartość prolaktyny u kobiet niepłodnych w surowicy poniżej 25 lat ng/ml jest wyższa niż u kobiet niepłodnych w surowicy powyżej 25 lat, co oznacza wzrost wartości prolaktyny u kobiet niepłodnych w surowicy powyżej 25 lat w porównaniu z kobietami niepłodnymi w surowicy < 25 lat. Stwierdzono znaczny wzrost wartości prolaktyny u niepłodnych kobiet w surowicy o podwyższonym wieku

6.2 Zalecenia

1- Do ministerstwa zdrowia, zaleca się badanie i stosowanie aktywności p (ERK1/2) jako biomarkera niepłodności u kobiet.

2- Do badacza farmacji i dalszych badań nad badaniem wpływu morfiny, kokainy na aktywność człowieka p (ERK1/2) w komórce jajnikowej poprzez zrozumienie jej wpływu na owulację. Jeśli te do leków wzrosła u ludzi, więc materiał ten może być stosowany w leczeniu niepłodności spowodowanej niską aktywnością p (ERK1/2).

3- Efekt wewnątrzkomórkowego wapnia poprzez nienapięciowe kanały wapniowe jest wymagany do stymulowanej aktywacji TGF-_1- ERK w komórkach HRA.

4- zaleca się stosowanie ERK jako nowego środka antykoncepcyjnego hamującego owulację, dojrzewanie jaja ssaka (oocytu).

5- Chachamovich JR, Chachamovich E, Ezer H i *in*. Badanie jakości życia i zdrowotnej jakości życia w niepłodności: przegląd systematyczny. J Psychosom Obstet Gynaecol. 2010; 31: 101–110.

6- Cui W. Matka czy nic: agonia niepłodności. Bull World Health Organ. 2010; 88: 881–882.

7- Greil AL, Slauson-Blevins K i McQuillan J. Doświadczenie niepłodności: przegląd najnowszej literatury. Sociol Health Illn. 2010; 32:140–162.

8- Roupa Z, Polikandrioti M, Sotiropoulou P. i in. Przyczyny niepłodności u kobiet w wieku rozrodczym. Health Science Journal (HSJ). 2009; 3(2): s. 80-87.

9- Ruth SoRelle, M.P.H. i JoAnne S. Richards, Ph.D. Ovarian function, fertility depend on two enzymes, Texas. BMC. 2009; 5 (7).

10- Anonimowy. Niepłodność powróciła: stan techniki dziś i jutro. Warsztaty ESHRE Capri. Europejskie Towarzystwo Rozrodu i Embriologii Człowieka. Hum. Reprod. 1996; 11: 1779-1807.

11- Joffe, M. i Li, Z. Związek czasu do ciąży i wyniku ciąży. Nawóz. Sterylny. 1994; 62: 71-75.

12- Joffe, M. i Li, Z. Czynniki męskie i żeńskie w płodności. Am. J. Epidemiol.

1994; 140: 921-929.

13- Thonneau, P., Marchand, S., Tallec, A. i in. Incidence and main causes of infertility in a resident population (1 850 000) of three French region (1988-1989). Hum reprod. 1991; 6: 811-816.

14- Schmidt, L., Minister, K. i Helm, P. Niepłodność i dążenie do leczenia niepłodności w reprezentatywnej populacji. Br. J. Obstet. Ginekol. 1995; 102: 978-984. 11- Randall, J.M. i Templeton, A.A. Niepłodność: doświadczenie trzeciego ośrodka skierowań. Health Bull. 1991; 49: 48-53.

15- D. Stewart Irvine .Epidemiologia i etiologia męskiej niepłodności. MRC Oddział Biologii Rozrodczości, Centrum Biologii Rozrodczości. 2014; 13: 33-34.

16- Maya N Mascarenhas1, Hoiwan Cheung2, Colin D Mathers3 i Gretchen A Stevens3. Pomiar niepłodności w populacjach: konstruowanie standardowej definicji do wykorzystania w badaniach demograficznych i badaniach zdrowia reprodukcyjnego. Populacyjne wskaźniki zdrowotne. 2012; 10:17.

17- Zegers-Hochschild F, Adamson GD, de Mouzon J, Ishihara O, Mansour R, Nygren K, Sullivan E, van der Poel S: Międzynarodowy Komitet Monitoringu Technologii Wspomaganego Rozrodu (ICMART) oraz zmieniony glosariusz terminologii ART Światowej Organizacji Zdrowia (WHO), 2009 r. Hum Reprod 2009, 24:2683-2687.

18- Gurunath S, Pandian Z, i Anderson RA, Bhattacharya S: Definiowanie niepłodności - systematyczny przegląd badań nad rozpowszechnieniem. Hum Reprod Update 2011, 17:575-588.

19- Olooto, Wasiu Eniola; 1Amballi i in. Przegląd niepłodności żeńskiej; ważne czynniki etiologiczne i postępowanie. Scholars Research Library J. Microbial Biotech Res. 2012; 2 (3):379-385.

20- TG Cooper, E Noonan, S von Eckardstein. Wartości referencyjne Światowej Organizacji Zdrowia dla charakterystyki ludzkiego nasienia. Hum. Reprod. 2010; 16 (3): 231–245.

21- F Francavilla, R Santucci, A Barbonetti, S Francavilla. Naturalnie występujące u mężczyzn przeciwciała antyspamowe: ingerencja w płodność i skutki kliniczne. Aktualizacja. Biosci. 2007; 12: 2890–911.

22- Zhilin Liu z BCM, Masayuki Shimada z Hiroshima University w Higashi-Hiroshima, Japonia; Heng-Yu Fan1, JoAnne S. Richards1 i inni MAPK3/1 (ERK1/2) w komórkach ziarnistych jajników są niezbędne dla płodności kobiet. Nauka. 2009; Vol. 324 no. 5929: s. 938-941.

23- J Mendiola, AM Torres- Cantero, JM Moreno- Grau et al. Narażenie na toksyny środowiskowe u mężczyzn poszukujących leczenia niepłodności: badanie kontrolowane w konkretnych przypadkach. Reprod Biomed Online. 2008; 16 (6): 842–850.

24- Sloboda DM, M Hickey, R Hart.Rozmnażanie u samic: Rola środowiska wczesnego życia. Human Reproduction, 2011, Update 17 (2): 210-227.

25- G Freundl, E Godehardt, PA Kern, P Frank-Herrmann, HJ Koubenec, Ch Gnoth. Oszacowano maksymalne wskaźniki awaryjności monitorów cyklu z wykorzystaniem dziennego prawdopodobieństwa poczęcia w cyklu menstruacyjnym. Hum. Reprod. 2003; 18 (12): 2628–2633.

26- Shenoy S.K. i Lefkowitz R.J.. þ- Aresztowanie - handel receptorem i transdukcja sygnału. TrendsPharmacol.Sci. 2011; 32: 521-533.

27- C Dechanet, T Anahory, JC Mathieu Daude i *inni*. Wpływ palenia papierosów na reprodukcję. Rozmnażanie człowieka. 2010; 17 (1): 76.

28- T Karasu, TH Marczylo, M MacCarrone, JC Konje. Rola hormonu płciowo-steroidowego, cytokiny i układu endokannabinoidowego w płodności kobiety. Rozmnażanie człowieka. 2011; 17 (3): 347–361.

29- RS Legro. 27-letnia kobieta z rozpoznaniem zespołu policystycznego jajnika (Polycstic Ovary Syndrome). JAMA. 2007, 297 (5): 509–519.

30- BC Gohill, LA Rosenblum, JD Coplan, JG Kral. Funkcja osi podwzgórze-przysadka-nadnercza i zespół metaboliczny X otyłości. CNS Spectr., 2001; 6(7): str. 581-586.

31- T Mancini, FF Casanueva, A Giustina. Hiperprolaktynemia i prolaktynoma. Kliniki Endokrynologii i Metabolizmu Ameryki Północnej. 2008; 37 (1): 67–99.

32- R Azziz, KS Woods, Reyna, TJ Key, ES Knochenhauer, BO Yildiz, J. Częstość występowania i cechy zespołu policystycznych jajników w niewyselekcjonowanej populacji. Clin. Endokrynol. Metab. 2004; 89 (6): 2745-9.

33- RL Barbieri. Wstępna konsultacja płodności: zalecenia dotyczące palenia papierosów, wskaźnika masy ciała oraz spożycia alkoholu i kofeiny. Am. J. Obstet. Gynecol., 2001, 185 (5): 1168-1173.

34- C Tomassetti, C Meuleman, A Pexsters. *et al.* Endometrioza, nawracające poronienia i niepowodzenia implantacji: czy istnieje związek immunologiczny? . Reprod. Biomed. Online, 2006, 13 (1): 58-64.

35- AC García-Ulloa, O Arrieta, O. Okluzja rurki powodująca niepłodność z powodu nadmiernej odpowiedzi zapalnej u pacjentów z predyspozycją do tworzenia się keloidów... Med. Hipotezy, 2005, 65 (5): 908-14.

36- mgr Guven, U Dilek, O Pata i *in.* Częstość występowania zakażeń Chlamydia trochomatis, Ureaplasma urealyticum i coplasma hominis u niewyjaśnionych bezpłodnych kobiet. Ginekol. Obstet. 2007; 276 (3): 219–23.

37- Dahiya K, Sachdeva A, Singh V i *in.* Profil hormonu reprodukcyjnego i tarczycy w policystycznym zespole jajnikowym. Webmed Central Endocrinology.2012; 3(6): WMC003455. doi: 10.9754/journal. wmc. 2012. 003455.

38- Kanagavalli P, Muraliswaran P, Sathisha TG, Thirunaaukarasu D i Lakshmi K. A Study to Assess the Hormonal Profile of Polycystic Ovarian Syndrome in a Tertiary Care Hospital in Puducherry. RJPBCS. 2013 Tom 4 Wydanie 2 Strony nr 1223.

39- SN Senanayake. Świnka: odradzająca się choroba z objawami proteiny. Med J Aust. 2008; 189 (8): 456–9.

40- Mickova B., Zrostlikova J., Hajslova J. i *in.* Badanie korelacji testów immunosorbentów związanych z enzymami oraz wysokowydajnej chromatografii cieczowej/tandemowej spektrometrii mas w celu określenia obecności insektycydów karbaminianu N-metylu w żywności dla dzieci. Anal. Chim. Acta. 2003; 495: 123-132.

41- J Farhi, A.Valentine, G Bahadur, F Shenfield i *inni.* Test penetracji śluzu szyjki macicy *in vitro* i wynik leczenia niepłodności w połączeniu z wielokrotnie ujemnymi wynikami testów powysiłkowych. Hum. Reprod.1995; 10 (1): 85-90.

42- M Rosendahl, C Andersen, N La Cour Freiesleben, A Juul, K Løssl, A

Andersen. Dynamika i mechanizmy chemioterapii - indukowane zubożenie pęcherzyków jajnikowych u kobiet w wieku płodnym. Płodność i sterylność. 2010; 94(1): 156–166.

43- M Brydøy, SD Fosså, O Dahl, T Bjøro, T. Gonadal dysfunkcja i problemy z płodnością u osób, które przeżyły raka. Acta Oncol. 2007; 46 (4): 480–9.

44- JoAnne S. Richards1 i Stephanie A. Pangas2. Jajnik: biologia podstawowa i implikacje kliniczne. The Journal of Clinical Investigation Volume 120 Number 4 April 2010.

45- Zhilin Liu z BCM, Masayuki Shimada z Hiroshima University w Higashi-Hiroshima, Japonia; Heng-Yu Fan1, JoAnne S. Richards1 i *inni* MAPK3/1 (ERK1/2) w komórkach ziarnistych jajników są niezbędne dla płodności kobiet. Nauka. 2009; Vol. 324 no. 5929: s. 938-941

46- Stephen M. i Dr. La Jolla. Hedrick z University of California, San Diego. Homeostaza odpornościowa: suma dynamiki limfocytów. UC San Diego 9500 Gilman., CA 92093 (858) 534-2230: 2015.

47- Valerie Clark i Angela B. Co to jest fosforylacja ERK? Mądry kujon. Styczeń. 2000; 10.

48- Hanks SK. Eukariotyczne kinazy białkowe. Aktualna opinia w dziedzinie biologii strukturalnej. 1991; 1: 369 – 83.

49- L Wartofsky, DVanNostrand , KDBurman. Wyraźna i "subkliniczna" niedoczynność tarczycy u kobiet. Badanie położnicze i ginekologiczne. 2006; 61 (8): 535–42. 47- Robina Kausar, Tahira Jabbar, Lubna Yasmeen i Faiqa Imran. Przekonania i praktyki kobiet w zakresie ciąży i żywności w czasie ciąży - badanie szpitalne. Profesjonalny medyk. J. 2011; 18(2): 195-200.

50- A. BARTKE, A. AND KHARDORI, R. Podstawy endokrynologii dla studentów farmacji i pokrewnych nauk o zdrowiu klinicznym. Amsterdam: Harwood Academic Publishers. 1998.

51- Conn, P. M. "Podstawy molekularne działania hormonu uwalniającego gonadotropinę". Endocr. 1986 -2013; 7(3).

52- Robert K. Murray, doktorat. Daryl K. Granner, MD. Peter A. Mayes, doktor, DSc. Victor W. Rodwell, doktor. Enzymy: Regulacja działalności. Rozdział 9. Harper's Illustrated Biochemistry 26 Ed. 2003. P (72-79).

53- Susanne Hiller- Sturmhöfel i Andrzej Bartke. System endokrynologiczny. Przegląd. Alkohol Health & Research World. 1998; Vol. 22, Nr 3:153.

54- Emanuele, N., i Emanuele, M.A. System hormonalny: Alkohol zmienia krytyczną równowagę hormonalną. Alkohol Health & Research World. 1997; 21(1):53–64.

55- Prof. dr Hedef 1 Dhafir El-Yassin . Biochemia hormonów Podejście ukierunkowane na przypadek. "Biochemia" Luberta Stryera, "Textbook of Biochemistry with Clinical Correlations" T.M.Devlina, "Lippincott's Illustrated Reviews in Biochemistry" P.C.Champe, R.A.Harvey and D.R.Ferrier , "Harper's Biochemistry" R.K.Murray, D.K.Granner, P.A. Mayes and V.W.Rodwell, "Clinical Laboratory Science Review" Robert R. Harr : 1-44. 2013

56- Fauser BCJM, Diedrich K, Bouchard P i *inni*. Współczesne technologie genetyczne i reprodukcja żeńska. Update Human Reproduction Update. 2011; 17 (6): 829–847.

57- Teede A, Deeks L, Moran. Zespół policystycznych jajników: złożona choroba z objawami psychologicznymi, reprodukcyjnymi i metabolicznymi, która wpływa na zdrowie przez całe życie. BMC Medicine 2010; 8: 41.

58- Golander A, Barrett JR, Tyrey L i *in*. Różnicowa synteza ludzkiego laktogenu łożyskowego i ludzkiej gonadotropiny kosmówkowej *in vitro*.Endokrynologia. 1978; 102: 597–605.

59- Maslar IA i Riddick DH Prolaktyna wytwarzana przez ludzką endometrium podczas normalnego cyklu menstruacyjnego. Am J Obstet Gynecol. 1979; 15: 751–754.

60- Jabbour HN, Critchley HO i Boddy SC. Ekspresja funkcjonalnych receptorów prolaktynowych w nieciężarnym ludzkim endometrium: janus kinase-2, przetwornik sygnału i aktywator transkrypcji-1 (STAT1) oraz białka STAT5 są fosforylowane po stymulacji prolaktyną. J Clin Endocrinol Metab. 1998; 83: 2545 –2553.

61- Jones RL, Critchley HO, Brooks J i *in*. Localization and temporal expression of prolactin receptor in human endometrium. J Clin Endocrinol Metab. 1998; 83: 258– 262.

62- Maaskant RA, Bogic LV, Gilger S i *in*. Ludzki receptor prolaktynowy w błonach płodowych, decdua i łożysku. J Clin Endocrinol Metab. 1996; 81: 396–405. 61- Wu WX, Brooks J, Glasier AF, McNeilly AS. Związek pomiędzy decdualizacją i mRNA prolaktyny a produkcją na różnych etapach ciąży ludzkiej. J Mol Endocrinol. 1995; 14: 255–261.

63- Jabbour HN i Critchley HO Potencjalne role prolaktyny decdualnej we wczesnej ciąży. Reprodukcja. 2001; 121: 197–205

64- Jabbour HN, Critchley HO, Yu-Lee LY i Boddy SC. Lokalizacja interferonowego czynnika regulacyjnego-1 (IRF-1) w nieciężarnej endometrium człowieka: ekspresja IRF-1 jest regulowana przez prolaktynę w fazie wydzielniczej cyklu menstruacyjnego. J Clin Endocrinol Metab. 1999; 84: 4260–4265.

65- Stevens AM, Wang YF, Sieger KA i *in*. Dwufazowa regulacja transkrypcyjna genu czynnika regulującego-1 interferon przez prolaktynę: udział sekwencji aktywowanej y interferonem i białek związanych ze stanem. Mol Endocrinol. 1995; 9: 513–525.

66- Lewis TS, Shapiro PS i Ahn NG. Transdukcja sygnału poprzez kaskady kinaz MAP. Adv Cancer Res. 1998; 74: 49-139.

67- Gubbay O, Critchley HO, Bowen JM i *in*. Prolaktyna indukuje fosforylację ERK w Epithelial i CD56+ Natural Killer Cells of the Human Endometrium. The Journal of Clinical Endocrinology & Metabolism. 2013: 87(5).

68- Robert Roskoski Jr. ERK1/2 kinases MAP: Struktura, funkcja i regulacja. Blue Ridge Institute for Medical Research. Badania farmakologiczne. 2012; 66: 105– 143.

69- Yunpeng Xie, Yinghua Li i Ying Kong. OPN Indukuje ekspresję i lokalizację FoxM1 poprzez ERK 1/2, AKT i p38 Ścieżkę Sygnalizacyjną w komórkach HEC-1A. Int. J. Mol. Sci. 2014, 15, 23345-23358.

70- Taylor SS i Kornev AP. Kinazy białkowe: ewolucja dynamicznych białek regulacyjnych. Trendy w naukach biochemicznych. 2011; 36: 65–77.

71- Bos JL. Rasowe onkogeny w raku człowieka: przegląd. Badania nad rakiem. 1989; 49: 4682–9.

72- Johnson DA, Akamine P, Radzio-Andzelm E i *in*. Dynamika kinazy białkowej zależnej od cAMP. Recenzje chemiczne. 2001; 101: 2243–70.

73- Seeliger MA, Ranjitkar P, Kasap C i *in*. Równie silne hamowanie c-Src i Abl przez związki rozpoznające nieaktywne konformacje kinaz. Badania nad rakiem. 2009; 69: 2384–92.

74- Manning G, Whyte DB, Martinez R, Hunter T, Sudarsanam S. Uzupełnienie białkowej kinazy ludzkiego genomu. Nauka. 2002; 298: 1912–34.

75- Alonso A, Sasin J, Bottini N, i *in*. Fosfatazy tyrozynowe w ludzkim genomie. Komórka. 2004; 117: 699–711.

76- Bononi A, Agnoletto C, De Marchi E i *in*. Kinazy i fosfatazy białkowe w kontroli losu komórek. Badania enzymatyczne. 2011; 2011(329098): 26.

77- Cargnello M i Roux PP. Aktywacja i funkcja MAPK i ich substratów, kinaz białkowych aktywowanych MAPK. Recenzje mikrobiologii i biologii molekularnej. 2011; 75: 50–83.

78- Lloyd AC. Wyróżniające się funkcje dla ERK-ów. Journal of Biology. 2006; 5(5):13.

79- Hanks SK. Eukariotyczne kinazy białkowe. Aktualna opinia w dziedzinie biologii strukturalnej. 1991; 1: 369 – 83.

80- Lefloch R, Pouysségur J i Lenormand P. Całkowita aktywność ERK1/2 reguluje proliferację komórek. Cykl komórkowy. 2009; 8:705–11.

81- Robbins DJ, Zhen E, Owaki H *i in*. Regulacja i właściwości pozakomórkowych kinaz białkowych regulowanych sygnałem 1 i 2 *in vitro*. Journal of Biological Chemistry. 1993; 268: 5097– 106.

82- Lefloch R, Pouysségur J, Lenormand P. Pojedyncze i połączone wyciszanie ERK1 i ERK2 ujawnia ich pozytywny wkład w sygnalizację wzrostu w zależności od poziomu ich ekspresji. Biologia molekularna i komórkowa 2008; 28: 511-27.

83- Raman, M., Chen, W., i Cobb, M.H. Regulacja różnicowa i właściwości MAPK. Oncogene. 2007; 26: 3100–3112.

84- Shenoy S.K. i Lefkowitz R.J.. þ- Aresztowanie - handel receptorem i transdukcja sygnału. *TrendsPharmacol.Sci.* 2011; 32: 521-533.

85- Franziska Witzel, Louise Maddison i Nils Blüthgen. Jak rusztowania kształtują sygnalizację MAPK: co wiemy i jakie są możliwości systemów. 2012. Tom 3 Artykuł 475.

86- Brown M.C. i Turner, C.E. Paxillin: dostosowanie do zmian. *Physiol. Rev.* 2004; 84: 1315-1339.

87- Pullikuth, A. McKinnon, E., Schaeffer, H.-J. i Catling, A.D. Białko rusztowaniowe MEK1MP1 reguluje rozprzestrzenianie się komórek poprzez integrację PAK1 i Rhosignal. Mol.Cell. Biol. 2005; 25: 5119-5133.

88- Vomastek, T., Schaeffer, H.-J., Tarcsafalvi, A. i *inni*. Modułowa budowa rusztowania sygnalizacyjnego: MORG1 wchodzi w interakcję ze składnikami kaskady ERK i łączy sygnalizację ERK z określonymi agonistami. Proc.Natl.Acad.Sci.U.S.A. 2004; 101: 6981-6986. 88- Rodriguez-Viciana, P. Oses-Prieto, J., Burlingame, A. i *in*. Holoenzym fosfatazowy składający się z Shoc2/Sur8 i jednostki katalityczno-podstawowej z funkcji PP1, efektuanM-Ras do modulowania aktywności Raf. Mol.Cell. 2006; 22: 217– 230.

89- Jadeski L., Mataraza J., M. Jeong H. i *in*. IQGAP1stymuluje proliferację i wzmacnia komórki nabłonka ludzkiej piersi. *J. Biol.Chem.* 2008; 283: 1008–1017.

90- Shin, S. -Y., Rath, O., Choo, S.-M. i *inni*. Współrzędne dodatnie i ujemne sprzężenia zwrotneDYNAMICZNE ZACHOWANIE TRASY SYGNAŁÓW RAS-Raf-MEK- ERKsignaltrans- TRASYGNAŁÓW. J. Cell.Sci. 2009; 122: 425-435.

91- Torii, S. Kusakabe, M., Yamamoto, T., Maekawa, M., i Nishida, E... Regulator sefisaspatyczny do sygnalizacji kinaz Ras/MAP. Dev.Cell. 2004; 7: 33–44.

92- Wortzel I, Seger R. Kaskada ERK: różne funkcje w różnych organelach subkomórkowych. Rak genów. 2011; 2: 195– 209.

93- Vakiani E, Solit DB. KRAS i BRAF: cele narkotykowe i biomarkery predykcyjne. Dziennik Patologii. 2011; 223:219–29.

94- Bos JL. Rasowe onkogeny w raku człowieka: przegląd. Badania nad rakiem. 1989; 49: 4682–9.

95- Davies H, Bignell GR, Cox C, i *in*. Mutacje genu BRAF w ludzkim raku.

Natura. 2002; 417: 949–54.

96- Garnett MJ i Marais R. Winni zgodnie z zarzutem: B-RAF jest ludzkim onkogenem. Komórka rakowa. 2004; 6: 313–9.

97- Pylayeva-Gupta Y, Grabocka E, Bar-Sagi D. RAS onkogeny: tkające guzowatą sieć. Reviews Nature Cancer. 2011; 11: 761–74.

98- Plotnikow A, Zehorai E, Procaccia S, Seger R. Kaskady MAPK: komponenty sygnalizacyjne, jądrowe role i mechanizmy translokacji jądrowej. Biochimica et Biophysica Acta. 2011; 1813: 1619–33.

99- Lemmon MA i Schlessinger J. Cell sygnalizacja przez kinazy tyrozynowe receptora. Komórka. 2010; 141(7): 1117–34.

100- Margolis B, Borg JP, Straight S, Meyer D. Funkcja białek z domeny PTB. Kidney International. 1999; 56: 1230–7.

101- Vigil D, Cherfils J, Rossman KL, Der CJ. Ras nadrodzinne GEF i GAPs: zatwierdzone i ciągliwe cele terapii nowotworowej. Reviews Nature Cancer. 2010; 10: 842–57.

102- Roskoski Jr R. RAF kinazy białkowo-serynowo-treoninowe: struktura i regulacja. Biochemiczna i biofizyczna komunikacja badawcza. 2010; 399: 313–7.

103- Ray LB i Sturgill TW. Stymulowana insuliną mikrotubule-kinaza białkowa jest fosforylowana na tyrozynie i treoninie *in vivo*. Postępowanie Narodowej Akademii Nauk Stanów Zjednoczonych Ameryki. 1988; 85: 3753–7.

104- Roskoski Jr R. MEK1/2 kinazy białkowe o podwójnej specyficzności: struktura i regulacja. Biochemiczna i biofizyczna komunikacja badawcza. 2012; 417: 5–10.

105- Yoon S i Seger R. Ekstkomórkowa kinaza regulowana sygnałem: wiele substratów reguluje różne funkcje komórkowe. Czynniki wzrostu. 2006; 24:21–44.

106- Raman M, Chen W i Cobb MH. Regulacja różnicowa i właściwości MAPK-ów. Oncogene 2007; 26:3100-12.

107- Shaul YD i Seger R. Kaskada MEK/ERK: od specyfiki sygnalizacji do różnych funkcji. Biochimica et Biophysica Acta. 2007; 1773: 1213–26.

108- Kim EK i Choi EJ. Patologiczne role szlaków sygnalizacyjnych MAPK w chorobach człowieka. Biochimica et Biophysica Acta. 2010; 1802:396–405.

109- Tidyman WE i Rauen KA. Opatia RAS: zespoły rozwojowe dysregulacji drogi Ras/MAPK. Aktualna opinia w dziedzinie genetyki i rozwoju. 2009; 19:230–6.

110- Tanti JF i Jager J. Komórkowe mechanizmy insulinooporności: rola regulowanych stresem kinaz seryny i substratów receptorów insulinowych (IRS) w fosforylacji seryny. Aktualna opinia w dziedzinie farmakologii. 2009; 9:753–62.

111- Montagut C i Settleman J. Kierujący się ścieżką RAF-MEK-ERK w terapii raka. Listy o raku. 2009; 283:125–34.

112- Chico LK, Van Eldik LJ i Watterson DM. Ukierunkowanie na kinazy białkowe w zaburzeniach ośrodkowego układu nerwowego. Nature Reviews Drug Discovery. 2009; 8:892- 909.

113- Cohen P. Kinazy białkowe - główne cele narkotykowe XXI wieku. Nature Reviews Drug Discovery. 2002; 1:309–15.

114- Przeglądaj CN i Lew J. Mechanizm aktywacji ERK2 przez podwójną fosforylację. Journal of Biological Chemistry. 2001; 276: 99–103.

115- Claire. M. Wynne BSc (Thesis). Dochodzenie w sprawie P13K/AKT. FOXO i Ścieżki Sygnałowe Ras/Raf/MEK/ERK w Rozwoju Jajnika. Dublin Institute of Technology. (2009).Masters. Papier 59.

116- Dewi DA, Abayasekara DR i Wheeler-Jones CP. Wymogi dotyczące aktywacji ERK1/2 w rozporządzeniu w sprawie produkcji progesteronu w ludzkich komórkach granulozowo-luteinowych są specyficzne dla bodźców. Endokrynologia. 2002; 143(3):877–888.

117- Rony Seger1, Tamar Hanoch, Revital Rosenberg i *inni* (teza A) Kaskada sygnalizacyjna ERK hamuje steroidogenezę stymulowaną gonadotropiną. JBC. 2001.

118- Cooke, B. A. Transdukcja sygnału obejmująca cykliczne mechanizmy AMP-zależne i cykliczne AMP-zależne w kontroli steroidogenezy.

Endokrynol Mol Cell. 1999; 151(1-2): 25-35.

119- Amsterdam, A., Gold, R. S., Hosokawa, K., Yoshida, Y., Sasson, R., Jung, Y., i Kotsuji, F. Crosstalk Among Multiple Signaling Pathways Controlling Ovarian Cell Death. (1999) Trendy w endokrynologii 10, 255-262.

120- Segaloff, D.L., i Ascoli, M. Receptor lutropiny/choriogonadotropiny 4 lata później. Endocr Rev 1993; 14(3): 324-47.

121- Cooke BA. Transdukcja sygnału obejmująca cykliczne mechanizmy AMP-zależne i cykliczne AMP-zależne w kontroli steroidogenezy. Endokrynol Mol Cell. 1999; 151: 25–35.

122- Cameron MR, Foster JS, Bukovsky A, Wimalasena J. Aktywacja MAPK przez gonadotrofy i cykliczne adenozyno 3,5 monofosforany w komórkach granulozy świń. Biol Reprod. 1996; 55: 111–119.

123- Haruhiko Kanasaki, Indri Purwana, Aki Oride i *in*. Aktywacja pozakomórkowej kinazy regulowanej sygnałem (ERK) i aktywowanej mitogenem kinazy białkowej Fosfatazy 1 poprzez indukcję pulsującego hormonu uwalniającego gonadotropinę w gonadotrofach przysadki. Journal of Signal Transduction. 2012. Tom 2012 (2012), artykuł ID 198527, 7 stron.

124- Cameron, M. R., Foster, J. S., Bukovsky, A., i Wimalasena, J. Aktywacja kinazy białkowej aktywowanej mitogenem przez gonadotropiny i cykliczne adenozyno-5' monofosforany w komórkach granulozy świń. Biol Reprod 1996; 55(1): 111-9.

125- Menon B, Franzo-Romain M, Damanpour S, Menon KM. 27. Luteinizujący receptor hormonu mRNA jest regulowany w dół poprzez zależną od ERK indukcję białka wiążącego RNA. Mol Endocrinol 2011; 25: 282-90.

126- Stuart P. Bliss, Andrew Miller, Amy M. Navratil, JianJun Xie, Sean P. McDonough, Patricia J. Fisher, Gary E. Landreth i Mark S. Roberson. Sygnał ERK w przysadce mózgowej jest wymagany dla kobiecej, ale nie męskiej płodności. Mol Endocrinol. 2009; 23(7): 1092–1101.

127- Kristina Beiswenger. Zapytanie o produkt MyBioSource (MBS164546). 2014: 1

128- Hutter D, Yo Y, Chen W i *in*. Związany z wiekiem spadek kaskady kinazy białek aktywowanych mitogenem Ras/ERK jest związany z ograniczonym związkiem pomiędzy Shc a receptorem EGF. 2000; 55(3): 125-34.

129- Deng C., M.J. Kaplan, J. Yang i *inni*. Zmniejszona sygnalizacja kinazy białkowej aktywowanej Ras-mitogenem może powodować hipometylację DNA w limfocytach T pacjentów z tocznia. Artretyzm reum.2001; 44: 397-407.

130- Gabriela Gorelik, Jing Yuan Fang, Ailing Wu i *in*. Upośledzona aktywacja kinazy białek T Cd Zmniejsza sygnalizację szlaku ERK w toczniu idiopatycznym i wywołanym przez hydrolazynę. J Immunol. 2007; 179:5553-5563.

131- Xuefei Tian, Jin Ju Kim, Susan M. Monkley i *in*. Talin1 związany z podocytami jest krytyczny dla utrzymania kłębuszkowej bariery filtracyjnej. The Journal of Clinical Investigation (J Clin Inves). 2014; 124(3): 1098–1113.

132- Chiluiza D, Krishna S, Schumacher VA, Schlöndorff J. Mutacje wzmocnienia funkcji w potencjale receptora przejściowego C6 (TRPC6) aktywują pozakomórkowo regulowane kinazy ERK1/2. J Biol Chem. 2013; 288(25): 18407–18420.

133- Ambra Pozzi, George Jarad, Gilbert W. Moeckel and *et al*. þ1 Integrin expression by podocytes is required to maintain glomerular structural integrity.Dev Biol. 2008; 316(2):288-301.

134- Norman Sachs, Nike Claessen, Jan Aten i *inni*. Niewydolność nerek u myszy nie posiadających tetraspaniny CD151. J Cell Biol. 2006; 175(1): 33-39.

135- Nayia Nicolaou,1 Coert Margadant,2 Sietske H. Kevelam i *in*. Gain of glycosylation in integrin αγ causes lung disease and nephrotic syndrome. J Clin Invest. 2012; 122(12): 4375–4387.

136- Cristina Has, Giuseppina Spartà, Dimitra Kiritsi i *in*. Integrin αγ mutacje z chorobami nerek, płuc i skóry. N Engl J Med.2012; 366(16):1508-1514.

137- Yu CC, Fornoni A, Weins A i *in*. Abatacept w B7-1-dodatniej proteinurycznej chorobie nerek. N Engl J Med. 2013; 369(25):2416–2423.

138- Menken J, Trussell J, Larsen U. Age and infertility. Nauka .1986; 233: 1389-94. 139- Gavaler, J.S., i Van ThielL, D.H. Związek między umiarkowanym spożyciem alkoholu a stężeniem estradiolu i testosteronu w surowicy krwi u kobiet w stanie normalnym po menopauzie: Związek z literaturą. Alkoholizm: Badania kliniczne i eksperymentalne. 1992; 16(1): 87–92.

139- Lisa M Arendt, Lindsay C Evans, Debra E Rugowski i *in*. Hormony jajników nie są wymagane do wywołanej PRL-owską guzowatością sutka, ale estrogeny wzmacniają procesy nowotworowe. Journal of Endocrinology. 2009; 203: 99–110.

140- Liqiang Ma, Fenghua Lan, Zhiyong Zheng i *in*. Epidermalny czynnik wzrostu (EGF) i interleukina (IL)-1þ synergistycznie wspierają inwazyjną migrację i inwazję komórek raka piersi za pośrednictwem ERK1/β. Rak molekularny. 2012, 11:79. doi:10.1186/1476-4598-11-79.

141- Pascale CreÂpieux, SeÂbastien Marion, Nadine Martinat i *in*. Sygnalizacja zależna od ERK jest modulowana przez FSH, podczas dojrzewania pierwotnych komórek Sertoli. Oncogene. 2001; 20: 4696-4709.

142- Hutter D1, Yo Y, Chen W, Liu P, Holbrook NJ, Roth GS, Liu Y. Związany z wiekiem spadek kaskady kinazy białkowej aktywowanej mitogenem w Ras/ERK jest związany z ograniczonym związkiem pomiędzy Shc i EGF Receptor. J Gerontol A Biol Sci Med Sci. 2000; 55(3): 125-34.

143- Liu Y, Gorospe M, Kokkonen GC i *in*. Zaburzenia zarówno w szlakach sygnałowych kinazy p70 S6, jak i pozakomórkowej kinazy regulowanej sygnałem przyczyniają się do spadku zdolności proliferacyjnej hepatocytów w wieku. Exp Cell Res. 1998; 240: 40-48.

144- Liu Y, Guyton KZ, Gorospe M i *in*. Związany z wiekiem spadek aktywności kinazy białkowej aktywowanej mitogenem w naskórkowych hepatocytach stymulowanych przez czynnik wzrostu szczurów. J Biol Chem.1996; 271: 3604-3607.

145- Chiara Gregorj, Maria R. Ricciardi, Maria T. Petrucci i *in*. Fosforylacja ERK1/2 jest niezależnym predyktorem całkowitej remisji w nowo rozpoznanej ostrej białaczce limfoblastycznej u dorosłych. American Society of Hematology BLOOD. 2007; TOM 109, NUMER 12: 5473-5476.

146- Zulma Tatiana Ruiz-Cortés. Gonadalne sterydy płciowe: Produkcja, działanie i interakcje w ssakach. Licencjobiorca InTech. 2012.

147- Pincus SM, Veldhuis JD, Mulligan H, Iranmanish A, Evans WS. Wpływ wieku na nieregularność stężeń LH i FSH w surowicy u kobiet i mężczyzn. Am J Physiol. 1997; 273 (Endokrynol Metab 36): 989-995.

148- Burger HG, Dudley E, Mamers P, Groome N i Robertson DM Wczesna faza pęcherzykowa surowicy FSH w funkcji wieku: rola inhibicyny B, inhibicyny A i estradiolu. Climacteric. 2000; 3: 17–24.

149- de Vet A, Laven JS, de Jong FH, Themmen AP i Fauser BC Poziomy hormonu antyimulleryjskiego w surowicy: przypuszczalny znacznik starzenia się jajników. FertilbSteril. 2002; 77:357–362.

150- van Rooij IA, Broekmans FJ, te Velde ER, Fauser BC, Bancsi LF, de Jong FH i Themmen AP Serum poziom hormonu anty-mulleryjskiego: nowa miara rezerwy jajnikowej. Hum Reprod. 2002; 17: 3065–3071.

151- Lambalk CB, de Boer L, Schoute E i *in.* Wiek menopauzalny i chronologiczny ma rozbieżny wpływ na funkcje przysadki i podwzgórza w epizodycznym wydzielaniu gonadotropiny. Clin Endocrinol (Oxf). 1997; 46: 439–443.

152- Santoro N, Banwell T, Tortoriello D i in. (Effects of aging and gonadal failure on the hypothalamic-pituitary axis in women. Am J Obstet Gynecol. 1998; 178: 732–741.

153- Hall JE, Lavoie HB, Marsh EE i Martin KA. Spadek częstości pulsu hormonu uwalniającego gonadotropinę (GnRH) z wiekiem u kobiet po menopauzie. J Clin Endocrinol Metab. 2000; 85: 1794–1800.

154- Sandy Shaw. Prolaktyna: Seks i aktywacja immunologiczna. Life Extension News. 2004; Tom 7(2).

155- Takahashi S, Kawashima S. Związane z wiekiem zmiany w odsetku komórek prolaktyny i poziomie prolaktyny w surowicy w stanie nienaruszonym oraz neonatalnie gonadektomizowane samce i samice szczurów. KBCI PubMed.1982; 113(3):211-7.

156- Ferdinand Roelfsema, Hanno Pijl, Daniel M. Keenan i *inni*. Wydzielanie prolaktyny u zdrowych osób dorosłych zależy od płci, wieku i wskaźnika masy ciała. PLOS ONE Staff. 2014; 9(9): e110203.

157- Yao, H., York, R. D., Misra-Press, A., Carr, D. W. i *inni*. Cykliczna adenozynowa monofosforanozależna kinaza białkowa (PKA) jest niezbędna do trwałej aktywacji kinaz aktywowanych mitogenem i ekspresji genów przez czynnik wzrostu nerwów. J Biol Chem. 1998; 273(14): 8240-7

158- Yamaguchi, T., Pelling, J. C., Ramaswamy i *in*. cAMP stymulują *pozakomórkową* proliferację komórek nabłonkowych torbieli nerkowych poprzez aktywację pozakomórkowej drogi kinazowej regulowanej sygnałem. Kidney Int. 2000; 57(4): 1460-71.

159- Clark BJ, Ranganathan V and Combs R. Post-translational regulation of steroidogenic acute regulatory protein by cAMP-dependent protein kinase A. Endocr Res. 2000; 26: 681-689.

160- Cooke, B. A. Transdukcja sygnału obejmująca cykliczne mechanizmy AMP-zależne i cykliczne AMP-zależne w kontroli steroidogenezy. Endokrynol Mol Cell. 1999; 151(1-2): 25-35.

161- Silverman, M.A., Benard, O., Jaaro, H. i *in*. nowa seryna/trójonina kinazy białkowej niższej niż kinazy białkowe zależne od cAMP. J. Biol. Chem.1999; 274(5): 2631-2636.

162- Aktywność Su, Y.Q., Wigglesworth, K., Pendola, F.L. i *in*. Aktywność kinazy białkowej aktywowanej mitogenem (MAPK) w komórkach cumulus jest niezbędna do wznowienia mejotycznej ekspansji oocytów gonadotropinowych i kumulusu u myszy. Endokrynologia. 2002; 143: 2221–2232.

163- Araki, K., Naito, K., Haraguchi, S., Suzuki, R., Yokoyama, M., Inoue, M., Aizawa, S., Toyoda, Y. i Sato, E. Meiotic abnormalities of c-mos knockout mouse oocytes: activation after first meiosis or entry into third meiotic metaphase. Biol. Reprod. 1996; 55: 1315–1324.

164- Phillips, K.P., Petrunewich, M.A., Collins, J.L., Booth, R.A., Liu, X.J., Baltz, J.M.,... Inhibicja kinazy MEK lub cdc2 partenogenetycznie aktywuje jaja myszy i daje te same fenotypy co partenogenoty Mos(-/-). Dev. Biol.2002; 247: 210- 223.

165- Su, Y.Q., Rubinstein, S., Luria, A. i *in*. Zaangażowanie szlaku kinazy białek aktywowanych przez mek-mitogen w stymulujące hormony pęcherzykowe, ale nie spontaniczne wznowienie mejotyczne oocytów myszy. Biol. Reprod. 2001; 65: 358–365. 167- Verlhac, M.H., Kubiak, J.Z., Weber, M. and *et al*. Mos jest wymagany do aktywacji kinazy MAP i bierze udział w organizacji mikrotubule podczas dojrzewania mejotycznego u myszy. Rozwój. 1996; 122: 815–822.

166- You-Qiang Su, James M. Denegre, Karen Wigglesworth i *in*. Do dojrzewania kompleksu komórek oocytowo-kumulacyjnych myszy wymagana jest zależna od oocytów aktywacja kinazy białkowej aktywowanej mitogenem (ERK1/2) w komórkach cumulus. Biologia rozwojowa. 2003; 263: 126–138.

167- REF: K.M.J. Menon & Bindu Menon. Regulacja ekspresji receptora hormonu luteinizującego za pomocą białka wiążącego RNA: Rola sygnalizacyjna ERK. Indian J Med Res. November 2014; 140 (Supplement): pp 112-119.

168- Menon KMJ i Menon B. Struktura, funkcja i regulacja 1. receptorów gonadotropinowych - perspektywa. Endokrynol Mol Cell. 2012; 356: 88-97.

169- Menon KMJ, Menon B, Wang L i *in*. Molekularna regulacja ekspresji receptora gonadotropinowego: związek z metabolizmem sterolu. Endokrynol Mol Cell. 2010; 329: 26-32.

170- Heng-Yu Fan, Zhilin Liu, Masayuki Shimada i *in*. ERK1/2 w Komórkach Granulozowych Jajnika są niezbędne dla kobiecej płodności. BIOLOGIA REPRODUKCJI. 2009; 81: 153.

171- Dahiya K, Sachdeva A, Singh V i *in*. Profil hormonu reprodukcyjnego i tarczycy w policystycznym zespole jajnikowym. Endokrynol. 2012; 3(6): 2046-1690. 174- Radosh L. Leki na zespół policystycznych jajników. Jestem lekarzem rodzinnym. 2009; 79(8): 671-676.

Dodatki

1. Metoda mycia dla p (ERK1/2).

1- Metoda mycia ręcznego: Mycie ręczne: Odessać ciecze z dołków płytki ELISA; położyć kilka bibułek na podłożu do badań i kilkakrotnie poklepać płytkę ELISA w dół; następnie wstrzyknąć co najmniej 0,35 ml rozcieńczonego roztworu płuczącego przez 1-2 minuty moczenia, powtórzyć ten proces pięć razy.

2- Metoda automatycznego mycia: Pranie przy użyciu automatycznej myjki płytowej: Jeśli istnieje automatyczna myjka do płytek, powinna być używana w teście tylko wtedy, gdy jest dobrze znana z jej funkcji.

2. Materiały wymagane, ale nie dostarczone w zestawie p (ERK1/2).

1. Standardowy czytnik enzymów
2. Precyzyjne pipety i jednorazowe końcówki pipet
3. Woda destylowana
4. Jednorazowe probówki do rozcieńczania próbek
5. Papier absorbujący

3. Ważne uwagi przed otwarciem zestawu p (ERK1/2).

1. Przed otwarciem zestawu trzymanego w temperaturze 2-8°C, potrzeba co najmniej 30 minut, aby naturalnie wzrosnąć do temperatury pokojowej. Po przerwaniu uszczelnienia płyty powlekanej ELISA, niektóre z użytych pasków powinny być przechowywane w hermetycznym worku.

2. Przy dodawaniu próbek należy za każdym razem używać wtryskiwacza próbek, a także często sprawdzać jego dokładność w celu uniknięcia pojedynczego błędu.

3. Instrukcja musi być ściśle przestrzegana, a odczyt czytnika ELISA musi być ustawiony jako standard wyznaczający wynik eksperymentu.

4. Końcówki pipet i membrana płyty uszczelniającej w ręku nie powinny być używane więcej niż jeden raz, aby uniknąć zanieczyszczenia

krzyżowego.

5. Wszystkie próbki, stężenie myjące i wszelkiego rodzaju odpady powinny być usuwane jako czynnik zakaźny.

6. Inne odczynniki, które nie są potrzebne, muszą być opakowane lub przykryte. Odczynniki z różnych partii nie mogą być mieszane i powinny być stosowane przed upływem terminu ich ważności.

7. Podłoże B jest wrażliwe na światło i dlatego nie powinno być wystawione na działanie światła zbyt długo.

4. Dokładność p (ERK1/2)

1. Próbki zawierające NaN3 nie mogą być badane, ponieważ hamują one aktywność Peroksydazy Rzodkiewki Konnej (HRP).

2. Po pobraniu próbki należy niezwłocznie przeprowadzić jej ekstrakcję zgodnie z odpowiednimi dokumentami. Po ekstrakcji, eksperyment powinien być przeprowadzony również natychmiast. W przeciwnym razie należy utrzymywać próbkę w temperaturze - 20°C. Należy unikać powtarzających się cykli zamrażania i rozmrażania.

3. Serum: Pozostawić serum do zakrzepu na 10-20 minut w temperaturze pokojowej. Umieścić go w wirówce (przy 2000-3000 obr/min) na 20 minut. Zbierzcie ostrożnie supernatanty. W przypadku wystąpienia osadów podczas przechowywania, należy ponownie przeprowadzić wirowanie.

4. Osocze krwi: Zgodnie z wymaganiami dotyczącymi pobierania próbek, jako antykoagulację należy stosować EDTA lub cytrynian sodu. Dodać EDTA lub cytrynian sodu i mieszać przez 10-20 minut, Wirować (przy 2000-3000 obr/min) przez około 20 minut. Zbierzcie ostrożnie supernatanty. W przypadku wystąpienia osadów podczas przechowywania, należy ponownie przeprowadzić wirowanie.

5. Mocz: Zebrać za pomocą sterylnej probówki, odwirować (przy 2000-3000 obr/min) przez około 20 minut. Zbierzcie ostrożnie supernatanty. Kiedy

Osady wystąpiły podczas przechowywania, należy ponownie przeprowadzić wirowanie, przy pobieraniu płynu zaotrzewnowego i płynu mózgowo-rdzeniowego.

6. Supernatant z hodowli komórkowych: Zebrać za pomocą sterylnych probówek podczas badania składników wydzieliny, odwirować (przy 2000-3000 obr./min.) na mniej więcej

20 minut. Zbierzcie ostrożnie supernatanty. Badając składniki znajdujące się w komórce, zastosować PBS (PH 7.2-7.4), aby rozcieńczyć zawiesinę komórkową do stężenia około 1 mln/ml. Uszkodzić komórki poprzez wielokrotne cykle zamrażania i rozmrażania, aby wypuścić wewnętrzne elementy, odwirować (przy 2000-3000 obr/min) przez około 20 minut. Zbierzcie ostrożnie supernatanty. W przypadku wystąpienia osadów podczas przechowywania, należy ponownie przeprowadzić wirowanie.

7. Próbka tkanki: Spalić próbkę i zważyć. Dodać pewną ilość PBS (PH 7.4). Natychmiast zamrozić ciekłym azotem do późniejszego użycia. Odmrozić próbkę i utrzymać ją na poziomie 2-8°C. Dodać pewną ilość PBS (PH 7.4), a następnie dokładnie homogenizować próbkę ręcznie lub homogenizatorem, odwirowywać (przy 2000-3000 obr/min) przez około 20 minut. Zbierzcie ostrożnie supernatanty. Wyrównać i zachować jeden do badania i zamrozić pozostałe do późniejszego wykorzystania.

5. Metoda przygotowania standardowych rozcieńczalników p (ERK1/2).

Tabela (6.1): Metoda przygotowania standardowych rozcieńczalników p (ERK1/2).

12ng/ml	Standard No.5	120µl Original Standard + 120µl Standard diluents
6ng/ml	Standard No.4	120µl Standard No.5 + 120µl Standard diluents
3ng/ml	Standard No.3	120µl Standard No.4 + 120µl Standard diluent
1.5ng/ml	Standard No.2	120µl Standard No.3 + 120µl Standard diluent
0.75ng/ml	Standard No.1	120µl Standard No.2 + 120µl Standard diluent

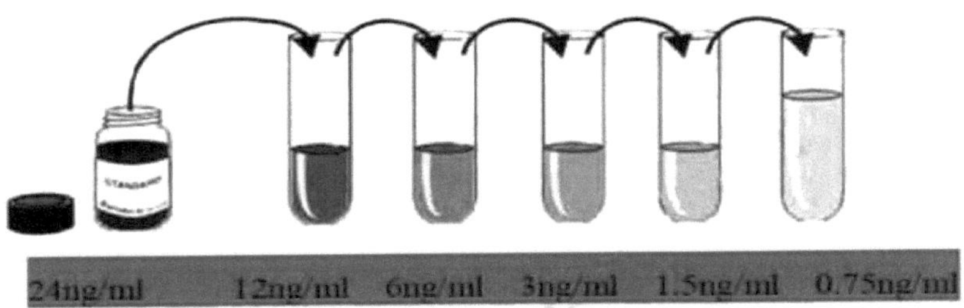

Rysunek (6.1): Metoda przygotowania standardowych rozcieńczalników p (ERK1/2).

6. Obliczanie LH, przykładowa tabela odniesień

Tabela (6.2): Obliczanie LH, przykładowa tabela odniesień

Sample I.D.	Well Number	Abs (A)	Mean Abs (B)	Value (mIU/ml)
Cal A	A1	0.009	0.009	0
	B1	0.009		
Cal B	C1	0.161	0.162	5
	D1	0.163		
Cal C	E1	0.677	0.662	25
	F1	0.647		
Cal D	G1	1.155	1.130	50
	H1	1.106		
Cal E	A2	1.852	1.825	100
	B2	1.797		
Cal F	C2	2.556	2.534	200
	D2	2.512		
Ctrl 1	E2	0.077	0.072	**1.9**
	F2	0.067		
Ctrl 2	G2	0.582	0.575	**20.5**
	H2	0.568		
Patient	A3	0.998	1.005	**42.7**
	B3	1.112		

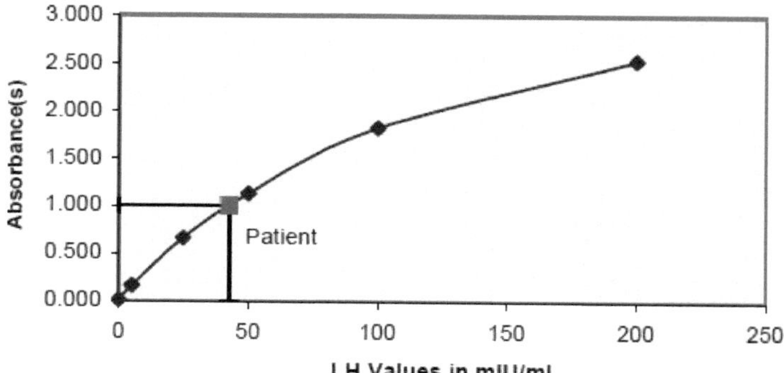

Rysunek (6.2): Obliczanie LH, korelacja między absorbancją i stężeniem.

6.1.7 Obliczenia FSH, przykładowa tabela odniesień.

Tabela (6.3): Obliczanie FSH, przykładowa tabela odniesień

Sample I.D.	Well Number	Abs (A)	Mean Abs (B)	Value (mIU/ml)
Cal A	A1	0.001	0.001	0
	B1	0.001		
Cal B	C1	0.146	0.139	5
	D1	0.133		
Cal C	E1	0.276	0.277	10
	F1	0.278		
Cal D	G1	0.680	0.689	25
	H1	0.698		
Cal E	A2	1.444	1.399	50
	B2	1.354		
Cal F	C2	2.471	2.412	100
	D2	2.354		
Ctrl 1	E2	0.162	0.157	*5.6*
	F2	0.152		
Ctrl 2	G2	0.545	0.546	*19.9*
	H2	0.547		
Patien t	A3	1.173	1.214	*43.2*
	B3	1.255		

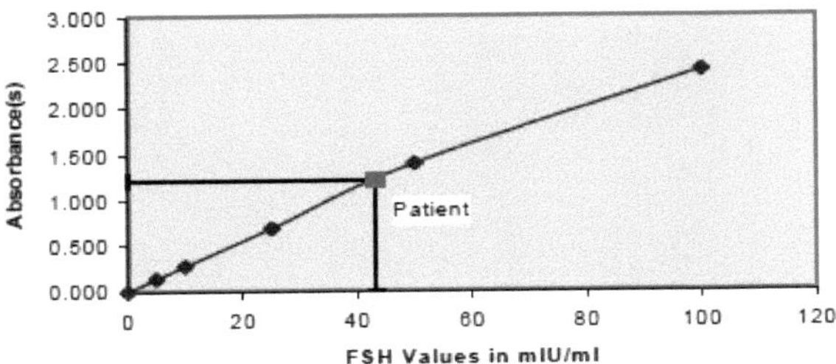

Rysunek (6.3): Obliczenia FSH, przykładowa tabela odniesień

I want morebooks!

Buy your books fast and straightforward online - at one of world's fastest growing online book stores! Environmentally sound due to Print-on-Demand technologies.

Buy your books online at
www.morebooks.shop

Kaufen Sie Ihre Bücher schnell und unkompliziert online – auf einer der am schnellsten wachsenden Buchhandelsplattformen weltweit! Dank Print-On-Demand umwelt- und ressourcenschonend produzi ert.

Bücher schneller online kaufen
www.morebooks.shop

KS OmniScriptum Publishing
Brivibas gatve 197
LV-1039 Riga, Latvia
Telefax: +371 686 204 55

info@omniscriptum.com
www.omniscriptum.com

Printed by Books on Demand GmbH, Norderstedt / Germany